★ ★ ★ ★ ★ 女孩全书

女孩友谊全书

[英] 吉玛·盖恩斯 著
陈芳芳 译

NÜHAI
YOUYI QUANSHU

GUANGXI NORMAL UNIVERSITY PRESS
广西师范大学出版社
·桂林·

出版统筹：施东毅
品牌总监：耿　磊
选题策划：陈显英
责任编辑：李茂军
助理编辑：刘丹亭　王芝楠
美术编辑：卜翠红
营销编辑：杜文心　钟小文
版权联络：郭晓晨
责任技编：李春林

著作权合同登记号桂图登字：20-2016-223 号

图书在版编目（CIP）数据

女孩友谊全书 /（英）吉玛·盖恩斯著；陈芳芳译. —2 版. —桂林：广西师范大学出版社，2017.10（2018.11 重印）
（女孩全书）
书名原文: THE GIRLS' BOOK OF FRIENDSHIP : How to be the Best Friend Ever
ISBN 978-7-5598-0237-8

Ⅰ. ①女… Ⅱ. ①吉…②陈… Ⅲ. ①女性－生活－知识－少儿读物 Ⅳ. ①Z228.4

中国版本图书馆 CIP 数据核字（2017）第 216270 号

广西师范大学出版社出版发行
（广西桂林市五里店路 9 号　邮政编码：541004
网址：http://www.bbtpress.com）
出版人：张艺兵
全国新华书店经销
保定市中画美凯印刷有限公司印刷
（河北省保定市西三环 1566 号　邮政编码：071000）
开本：880 mm × 1 240 mm　1/32
印张：4　　字数：82 千字
2017 年 10 月第 2 版　　2018 年 11 月第 3 次印刷
定价：25.00 元

读者须知

因书中信息或说明造成的事故、伤害及损失，经法律许可，本书作者及出版商概不负责。要格外当心剪刀、针、厨具、温度高的液体，在使用工具或器皿之前，应先获得在场成年人的许可。注意书中列出的材料，清楚自己对哪些东西过敏及自己的体质。

听从家长的安全警告和建议。穿戴安全配置，遵守当地法律和法规，考虑其他人的感受。最重要的是要有常识，尤其是使用高温或尖锐的物品时更要注意。

CONTENTS

目　录

如何做个友谊吊坠

友谊吊坠是一种可以挂在颈部的小饰品，打开之后，里面是你和闺蜜的照片。佩戴友谊吊坠意味着无论距离远近，你都可以和好朋友心贴着心。

你需要用到以下物品：

- 剪刀、铅笔、两张你和朋友的小照片。
- 一张漂亮的礼物包装纸。
- 一个小的金属折页（长 2.5 厘米，宽 2 厘米）。
- 50 厘米的缎带、PVA 胶水。

1 将缎带从金属折页靠顶端的孔里穿过。

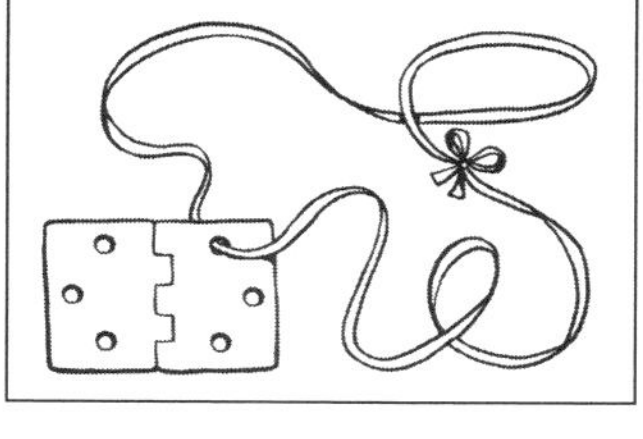

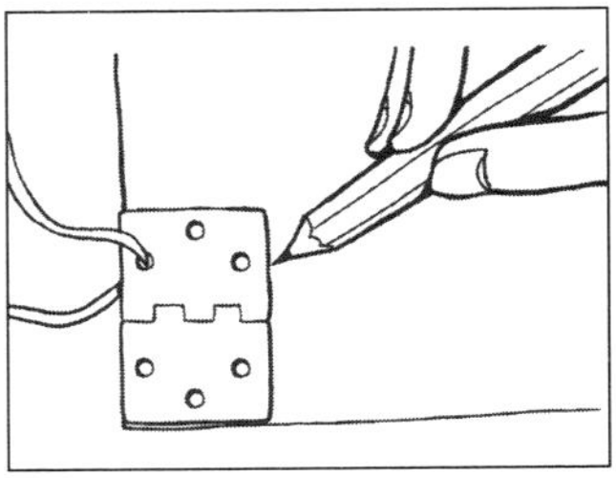

2 将漂亮的包装纸翻过来，有图案的一面朝下。打开折页，放在包装纸上，将轮廓描下来。然后裁剪下来，这样就有了一块长方形的包装纸。将这个长方形竖着剪成两半，变成两个更小的长方形。

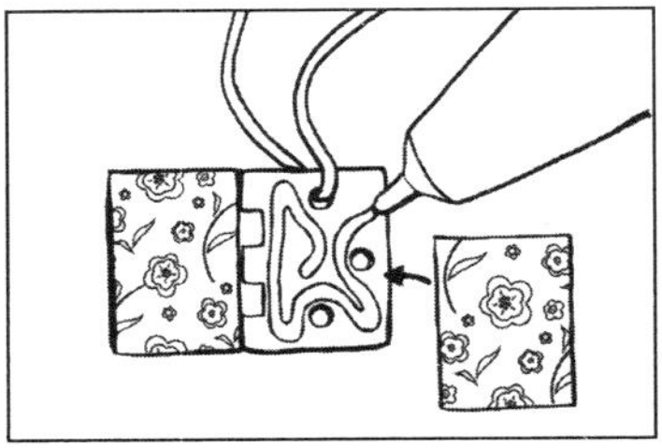

3 在折页两面涂抹薄薄一层胶水，然后将两张小长方形包装纸贴在折页上，趁胶水没干时，活动一下折页，确保包装纸贴整齐。贴合的时候，两张包装纸不要离得太近，否则折页容易自动弹开。将胶水晾干。

4 折页晾干后，取一张照片，放在关闭的折页上，看看你想把照片哪部分留在折页里。然后在照片上画出轮廓，剪下来。另一张照片按照同样的步骤操作。

5 把折页摆放好，有图案的一面朝下，在里侧小心涂抹薄薄一层胶水，然后捏着一张照片的边缘，仔细贴在折页里侧，照片朝向缎带一边。另一张照片按照同样的步骤操作，然后晾干。

6 胶水晾干后，把折页合上，就可以佩戴了。

如何帮助朋友

对于友谊来说，最重要的就是一方遇到困难时，另一方伸出援手，给予帮助。看看下面这些小贴士，明确哪些该做，哪些不该做，在朋友心情低落时，好好陪伴她吧。

· **要**陪着朋友。也就是说，即使自己很忙，也要找时间和她待在一起。如果她特别伤心，或许你可以考虑把自己的计划或安排调整一下，这样就可以多花些时间陪陪她了。

· **要**让朋友感觉到你的关心。不在一起的话，给她打电话，或者寄送小卡片，让她知道她并非孤单一人，你在想着她。

· **要**帮朋友出谋划策。如果朋友带着问题前来找你帮忙，一定要尽力帮她找到解决方案。如果问题很难解决，那就鼓励她去向某位你们都信任的成年人求助，帮她把问题解决掉。

· **不要**沮丧。如果朋友没有采纳你的建议，决定按照自己的想法来，也不要沮丧，毕竟她的生活她做主。

· **不要**没完没了地啰唆。也许你也遇到过她反映的类似问题，毕竟，现在是朋友遇到了问题，所以，请给她时间，让她将问题说出来。

· **要**准备好曲奇和纸巾。把肩膀借给朋友用一用，让她痛痛快快哭一场，然后陪她吃吃曲奇（具体请看“如何做一份友谊曲奇”一节）。不用多久，她就会重新鼓起勇气，回归好心情了。

如何建立信任

你真的很信任你的朋友吗？看看下面这些考验信任度的游戏吧，很刺激、很有趣，重要的不是输赢，而是需要相互配合，否则，游戏就进行不下去了！

肩并肩，站起来

这个游戏是为了让你明白，两个人一起努力，相互依靠，生活就会简单很多。

和朋友背靠背站立，肩膀相互贴在一起，然后手臂的肘部位置紧扣在一起。

好了，试着慢慢坐下来，注意，手臂不许松开。真的是说起来容易，做起来难！

成功坐下后，也不要把手臂松开。然后试着慢慢起身，这比刚才坐下的动作还难，一不小心，你们俩就会摆出特别搞笑的姿势。

GOOD

友情提醒： 尝试再加一个人进来，三个人还是手臂相扣，同起同坐，这样会更有趣，如果可以，继续增加人员，最后大家会围成一个大圆圈！

向着你，倒过去

这个游戏特别适合测试友谊，意在证明一个人摔倒时总是会依靠朋友，让朋友拉你一把。

背对朋友站立，双方相距大约 0.5 米远。她必须伸出手臂，随时准备接住你。你要做的就是往后倒向她。要做到这一点，真的需要特别信任朋友才行。

往后倒下的时候，身体要尽可能站直，不要挪步。

听起来很简单，可试一下你就知道是否真的简单了，毫不犹豫地倒向朋友，还真的需要勇气呢！

GOOD

友情提醒：一定要认真看游戏说明，密切关注对方，防止任何意外发生。

跟随友谊，避开雷区

这个游戏会让你明白，朋友的建议可以帮你战胜障碍，避免灾难哦。试试看，你们的友谊真的可以绕过雷区幸存下来吗？

让朋友稍微离开房间几分钟。

趁她不在的时候，布置雷区，或者充满障碍的路线。简单布置一下就行，如把椅子挪到屋子正中间，看她能否绕过去，把垫子堆放在地板上，指导她从一边走过。

雷区布置妥当后，用眼罩蒙住朋友的眼睛，领着她回到屋里。现在你要大声给朋友指引，这样她才能避开所有障碍，成功从雷区走过。她所能依赖的就只有你的指引了——偷看可不行。如果朋友碰到障碍物或把东西踢翻了，你们就交换位置，让她布置雷区，你在外面等。

神速模仿

不管几个好朋友一组，要确保每个人都有机会当“头儿”。这个游戏最少需要四个人参与。

大家围坐成圈，让其中一个人离开房间几分钟，充当“猜测者”。其他人选出“头儿”，剩下的是“模仿者”。

让“猜测者”回到屋里，重新和大家坐在一起。“头儿”和其他“模仿者”开始前后摇摆手臂。

在摇摆手臂的同时，“头儿”必须做出其他小动作，如伸伸舌头、踢踢脚等。其他“模仿者”必须在看到这些动作的瞬间迅速模仿，千万不要让“猜测者”看出来她们是在模仿。“猜测者”必须仔细观察，弄清楚谁是“头儿”。

“猜测者”成功猜出谁是“头儿”之后，双方交换身份，游戏重新开始。

GOOD

友情提醒：要让游戏更具挑战性，“头儿”要在“猜测者”回到房间之前和“模仿者”商量好她们会做哪些动作，这样的话，“模仿者”就知道要小心什么，然后神速模仿出“头儿”的动作了。

如何做一个友谊救生包

友谊救生包就是一个漂亮的小袋，里面装着一些小玩意儿，制作起来很容易，当作礼物送给贴心朋友也很理想。看到它，朋友就会感受到你对彼此友谊的珍视。

你需要用到以下物品：

- 一条干净的大手帕、一团棉绒。
- 一根金线或包装礼物用的丝带、一支小蜡烛。
- 一粒纽扣、一贴膏药、一块鹅卵石、小卷胶布。
- 一张书写纸（A5 大小最好）、一支钢笔。

1 将手帕铺在面前，除了金线、书写纸和钢笔之外，其他物品全都放在手帕上。

2 在书写纸上用最漂亮的字体写出友谊救生包的使用指南，内容如下：

友谊救生包里有下列物品：

- 一根金线——友谊就是将你我生命连在一起的金线。
- 一团棉绒——铺平未来路上的沟沟坎坎。
- 一支蜡烛——你就是光源，照亮了我的世界。
- 一贴膏药——治愈所有的伤痛。
- 一条手帕——为你擦干泪水。
- 一块鹅卵石——你我的友谊坚如磐石。
- 一些胶布——好朋友就是要“粘”在一起。
- 一粒纽扣——如果说不出好听的话，那就把嘴巴扣起来吧！

3 将友谊救生包的使用指南对折，然后再对折，尽可能折小一些，放在手帕上，和其他小玩意儿放在一起。

4 将手帕的四角捏起来，形成一个小袋。

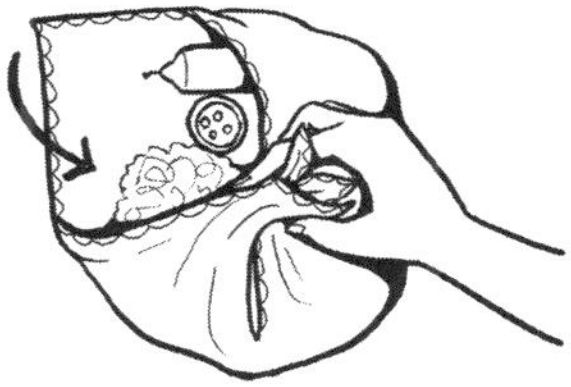

5 用金线或丝带在顶部系个蝴蝶结，把所有东西都包在里面。

6 将友谊救生包送给好朋友，让她知道，你就是她永远的好朋友。

如何将你们的友谊昭示天下

谁是你真正的朋友你肯定很清楚，好了，现在就把你们的友谊告诉其他人吧。遵照下面的秘诀，让全世界都知道谁才是你真正的朋友！

死党握手礼

偶遇朋友，走上前去，按照你们自己的方式握手，这就足以证明你们是死党了。与死党握手时声音要大，动作幅度也要大，这样其他人才能耳闻目睹。死党握手礼可以独创，也可以学学下面的方法：

1 和朋友面对面站立，双方右手握拳，轻轻击拳。

2 然后换左手，做同样的动作。

3 右手击掌，然后慢慢分开。

4 最后相互拍背，紧紧拥抱。

将友谊穿上身

和朋友穿得一模一样看上去肯定太夸张，而且也是时尚大忌。不过，相互协调一下，看上去就酷多了。比如，一个人穿黑色牛仔裤，白色上衣，那另一个人就穿白色牛仔裤，黑色上衣。这样穿既有品位，又吸引人眼球。

一起美，一起亮

选择双方都喜欢的颜色，每天都把这种颜色穿上身。上学的话，可以简单一些，如加一条紫色的发带，或在衬衫下加一件淡紫色的背心都可以。这样做既不违反穿校服的规定，又能显示出你们是死党。周末的话就方便了，只要是你们挑选的颜色，想怎么穿就怎么穿！

取个昵称

真正的好朋友从来不会直呼大名，相反，她们会用昵称。给自己和朋友选择昵称的时候，可以在各自名字的基础上动动手脚，如“林恩”改成“林嗯嗯”，“马克辛”改成“马克心肝儿”，等等。昵称也可以按照性格来取，举个例子，如果你的朋友总喜欢哈哈大笑，那就叫她“哈哈”好了。颠倒事实也可以尝试，如朋友个子很高，可以叫她“小矮子”，朋友头发很黑，可以叫她“金毛儿”，等等。

GOOD

友情提醒： 昵称要双方都认可才行。如果朋友不喜欢你选的昵称，那就没意思了，而且也显得你不够友好，甚至会让她伤心，结果你也会卷入麻烦当中。

如何制作象征友谊的盾形纹章

盾形纹章是一块小的盾形装饰物，上面画着代表纹章主人的图案。在中世纪，骑士会用盾形纹章在战场上证明自己的身份。好朋友也可以一起制作象征友谊的盾形纹章哦。

你需要用到以下物品：

- 一张 A3 大小的卡片、尺子、剪刀、铅笔、签字笔。
- 旧杂志、固体胶、你和朋友的合照、你们居住地的图片。

1 用铅笔在卡片上画出盾牌的形状，如右图所示，能画多大就画多大，然后剪下来。

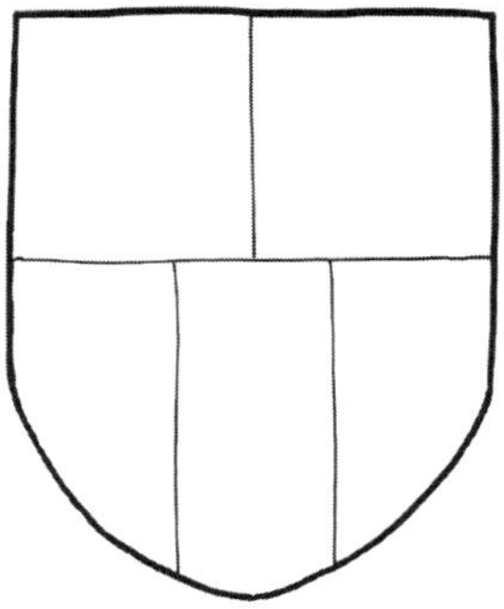

2 借助尺子画一条线，将盾牌一分为二，如右图所示。将顶部的那一半继续一分为二。

3 盾牌底部分成三等份，如图。现在盾牌就被分成了 5 个部分。

4 把你和朋友的合照用胶水贴在盾牌上半部分的左边区域。

5 一起翻看旧杂志，从中找出大家都喜欢的图片。比如，如果冰激凌大家怎么吃都吃不够，那就找一张美味圣代冰激凌的图。如果大家特别喜欢海豚，那就找一张海豚的图，剪下来。找不到合适的图也没关系，拿张白纸画一幅，然后剪下来也是一样的。将剪下来的图贴在盾牌上半部分的右边区域。

6 在下半部分的左边区域贴上你们居住地的图片。可以找一张你们城镇或乡村的明信片，剪裁好，然后贴上去，也可以给当地的著名地标建筑拍一张照片。

7 在下半部分的右边区域贴上大家都崇拜的人物图像。如果是名人，就在杂志上找出他 / 她的照片，贴上去。如果是大家都认识的某个人，那就拍一张他 / 她的照片。

8 想一想大家最看重什么，然后用一个短语概括出来，以此作为你们的座右铭，如哈哈大笑、笑口常开。

GOOD

友情提醒：盾形纹章很珍贵，因为它代表的是你们的友谊，大家轮流保管，一定要确保万无一失。

如何确定你是哪种类型的朋友

回答下列问题，从A、B、C中选择一个答案，写在一张纸上。看看最后的结果，你就知道自己在朋友圈中扮演什么角色了。

1 朋友刚刚收到了一份礼物，是一件新的上衣，她觉得有些难看，你也觉得颜色确实不怎样。这种情况下你会：

A. 告诉她你觉得确实有些夸张，劝她试着调换一件，但是补充一句安慰的话——她穿什么都好看。

B. 哈哈大笑，告诉她，衣服太丑，自己死也不会穿，劝她也别穿。

C. 建议她穿上身，尝试一下新的风格。如果她不愿意，那你来穿！

2 你看到几个朋友在公园打水仗，可是，你得回家做家务，这种情况下你会：

A. 跟她们挥挥手，等你回家处理完家务后再回来。

B. 跑到商店里买些气球，装上水，然后跑回去，加入她们当中。

C. 继续往家走，反正家务做累了还有冰柠檬水喝呢。

3 在学校，朋友递给你一张小纸条，上面写着她心情很不好。这种情况下你会：

A. 午饭的时候和其他朋友一起去找她，给她一个拥抱，问问她出了什么事。

B. 给她一个拥抱，做做鬼脸，把头发弄乱，逗她一笑。

C. 给她回写一张纸条，问她出什么事了。

4 你的生日就要到了，你会：

A. 等到当天，将切分好的蛋糕带到学校去，同大家分享。

B. 告诉大家是哪一天，确保大家都知道，然后邀请全班同学参加派对。

C. 请求父母带上你和闺蜜，开车前往水上滑梯尽情一玩。

5 你的两个朋友吵起来了，这种情况下你会：

A. 分别和她们谈谈，告诉她们能彼此做朋友多么重要，尝试着劝她们站在对方的角度看问题。

B. 立刻抛弃她们，找一些更有趣的新朋友。

C. 让她们自己处理，你感觉不插手比较好。反正她们是会和好的，以前每次都是这样的！

6 朋友特别相信你，偷偷跟你说她暗恋你们班的某个男生。这种情况下你会：

A. 把自己的小秘密与她分享，然后接下来的几个小时都在一起琢磨怎么样才能装作放学路上偶遇那个“他”。

B. 立刻接近那个男生以及他的朋友，和他成为更好的朋友，然后再撮合他和你的朋友。

C. 什么都不做。你会保密，这毕竟是她的事。反正你又不会因为某个男生而烦心。

7 对于友谊来说，最重要的是：

A. 相互关心，有困难的时候相互帮助。

B. 一起傻笑，一起玩，一起开开心心。朋友越多越好！

C. 和亲密的朋友共度黄金时光，同时给对方一定的空间。

答案中 A 最多——照顾 + 分享，暖暖的，很贴心

大家遇到麻烦总是会向你求助。你冷静、和善，会照顾人，会帮助他人走出阴霾。你的好朋友不止一个，但是，在你们的小团体中，你是最快乐的。不过要小心，有时候你太敏感了。

答案中 B 最多——派对女王

你的朋友圈总在变，而且朋友越来越多。你喜欢成为大家关注的焦点，甚至会哗众取宠，让大家跟着你疯玩，什么都不会当真。不过，有时候你太没耐心了，因此，时不时你也要学着冷静一下。

答案中 C 最多——请叫我“独立小姐”

你更倾向于有一个闺蜜，而且她对你来说很重要，如果她不在，你更愿意一个人待着。你不会依赖他人，一般也不在意他人的看法。有时候你太孤僻了，所以，还是试着多接触一下他人比较好。

如何做个四人份比萨

外卖比萨很贵，而且大家讨论选择什么口味简直就是噩梦。不用争吵，也不用费那么多钱，只要喊来三个朋友一起，就可以搞定美味的比萨了。

你需要用到以下物品：

- 225 克自发粉、盐 1/2 茶匙、黄油 55 克，切成小片。
- 水 50 毫升，牛奶 50 毫升，混合在一起、番茄酱 5 汤匙。
- 铺在比萨上的各种美味馅料，如芝士条、火腿丁、蘑菇丁、青椒丝、明虾、橄榄油、菠萝块、金枪鱼片、甜玉米等。

1 让家长帮忙将烤箱预热，调至 7 挡（即 220 摄氏度）。

2 把自发粉倒入大的搅拌碗中，然后加入盐和黄油。

3 把黄油掺在面粉里，用手指碾碎，将碾碎的黄油和面粉一起放在碗中。具体方法：手指高高抬起，超出碗沿，让面粉和黄油边碾边往下掉落，直到没有大块的黄油为止，这时碗中的混合物看起来就像面包屑。

4 将牛奶和水各倒入一半，用餐刀搅拌。碗中的牛奶和水被充分吸收之后，继续加入，直到面粉和黄油完全粘在一起为止。

5 用双手揉，将其揉成面团。如果面团很黏手，就加些面粉。

6 在工作台上撒些面粉，用擀面杖把面团擀成一张圆形，约 1 厘米厚。然后放到烤盘上。

7 用勺子将番茄酱舀到面饼上，用勺背均匀摊开。

8 好了，现在充分发挥创造力吧，在你们的四人份比萨上撒馅儿，喜欢什么就放什么，最后铺上一层奶酪，然后请家长帮忙，把比萨放入烤箱，烤 15 分钟。

9 15 分钟后，请家长帮忙把比萨从烤箱中拿出，凉 10 分钟，比萨不烫就可以开吃了！

如何让友谊天长地久之一

遵守下列黄金法则，友谊才能天长地久。

黄金法则

要一笑了之。很多事如果不太当真，就不会有问题。能够一起哈哈大笑、一笑了之的人，才适合做朋友。

不要说长道短。无论何时，不能当着朋友面说的话，背地里就不要说，除非你很担心她，请他人支招解决。

要对秘密守口如瓶。你和她的私密聊天就只能限于你们两个人知道，除非她有危险，否则，不可以告诉第三个人。

不要像作秀女王一样不给对方说话的机会。彼此都要给对方时间，听她说一说最近生活中发生的事情，是否遇到了什么问题。

不要窃取。不管是甜品、想法、衣服还是朋友，如果她不愿意和你分享，那就尊重她的决定。

不要吹毛求疵，除非对自己也是如此。对朋友坦诚确实很重要，可前提是，你对自己也要用同一个标准，也要坦诚。

要学会改变。想象着你和朋友永远都是现在这样的，永远都做同样的事情就不现实了。再说了，如果见到对方之后永远都是老一套，你们自己也会厌倦。

切忌“我早都跟你说了”之类的话，即使她做的事你不赞同也不要这么讲。尽量考虑她的感受，即使她没有采纳你的建议，也要支持她。

不要出尔反尔。如果你送给朋友某件东西，就不要再拿回来，即使不是朋友了，也不要这么做，因为这和食言没什么两样。

要学会原谅对方。朋友伤你心了，你很容易生气，甚至想着以牙还牙。如果你认为朋友是故意的，那就等朋友跟你道歉，然后再原谅她。（具体请参考“原谅她，不容易！”一节）

如何自己动手做队服

自己动手做一件清新时髦的 T 恤其实非常有趣。如果你和好朋友出门时一起穿上身，别人就算在 1 千米开外，也能立刻认出你们是好朋友！

你需要用到以下物品：

- 糙面纸、每人一件干净的白色 T 恤、硬纸板、铅笔。
- 织物专用笔、织物颜料。

1 大家聚在一起，给团队取个名字。在纸上将不同的想法写出来。团队的名字只要你们喜欢，就可以随便选择。例如，如果大家都喜欢运动，就起名为“运动姐妹”；如果大家都喜欢很有女生特色、亮闪闪的饰品，那就起名为“迷人星星”。名字是什么不重要，重要的是大家一致同意。

2 一起确定团队的徽章，也就是可以代表团队的图案。这个图案大家都要会画，而且要和团队的名字相配才行。比如，如果团队叫“迷人星星”，那就选择皇冠加星星，皇冠在上，星星在下，如右图所示。

开始设计 T 恤了

3 把硬纸板放在 T 恤里面，这样方便把布料铺平，将设计好的图案画在 T 恤上也更容易，否则，笔墨就会印到 T 恤背面了。

4 用铅笔将徽标画在 T 恤胸前右上角的位置，在肩线以下大约 12 厘米处。在图案下方用黑体字写出团队的名字，全部用大写字母，字体一定要大，容易辨认。

5 纸板不要动，用织物专用笔把图案和团队的名字描一遍，然后晾干。

6 用颜料刷蘸取颜料，给徽章涂色。然后将 T 恤放在一边，晾干。

7 颜料晾干后，将 T 恤翻过来，开始设计背后。用铅笔在两肩之间以黑体字的形式写出你的名字或者昵称（具体参考“如何将你们的友谊昭示天下”的“取个昵称”那部分内容），然后在下面画上徽章（比胸前的要大）。徽章下面写上团队的名字。

8 用织物专用笔将团队的名字和徽章描一遍，晾干。

9 按照步骤 6 给徽章涂色，然后晾干。

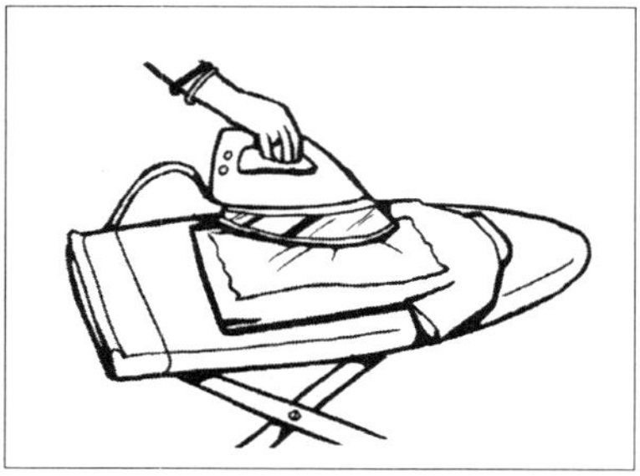

10 要想让你的设计持久、耐洗，就按照织物专用笔和颜料背后的说明来做。多数织物颜料都需要在上面铺一层棉布，然后用熨斗高温熨烫。这一步要请家长帮忙。

GOOD

友情提醒：为什么不试着用小饰品装点你的设计呢？只要用胶水把小金属片、纽扣或蝴蝶结粘在 T 恤上就可以了。

如何做一份友谊曲奇

人们常说，要感动一个女孩子的心，先要感动她的胃。这么说来，真的想受朋友欢迎，何不尝试做一盘美味的友谊曲奇呢？去拜访朋友的时候，带上一包亲手做的曲奇，她们肯定会缠着你要制作秘方的！

你需要用到以下物品：

- 250 克煮粥用的麦片、125 克巧克力屑。
- 125 克棕色绵糖、2 枚鸡蛋。
- 125 克软化的黄油。

1 请家长帮忙把烤箱预热，刻度调至 5（即 200 摄氏度）。

2 把麦片、巧克力、糖倒进一只大碗，充分搅拌。

3 将鸡蛋打入一只小罐中。在小罐边沿轻敲蛋壳，蛋壳出现裂缝后，轻轻掰开，鸡蛋就顺利打入碗中了。

4 用勺子搅鸡蛋，让蛋黄和蛋清充分混合。

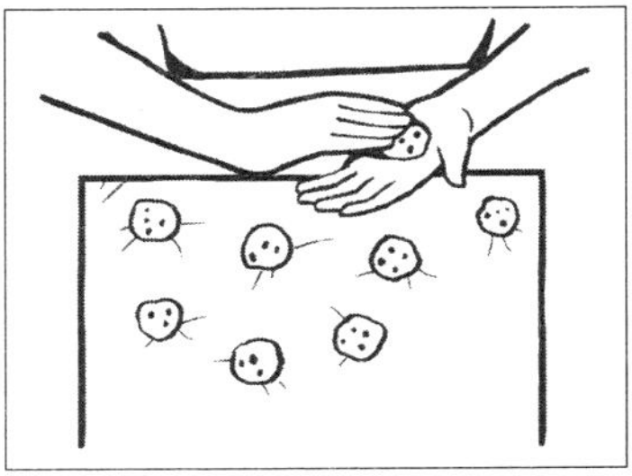

5 将搅好的鸡蛋慢慢倒入盛有燕麦片的那只碗中，然后加入黄油，不停地搅拌，和成面团。

6 用手将面团揪成一个个板栗大小的球，然后在烤盘上压平。

7 让家长帮忙把烤盘放入烤箱，烘烤 8 分钟。

8 曲奇冷却后，用调色刀将其从烤盘中取下，放入密封盒，带给朋友就可以了。

GOOD

友情提醒：做曲奇不需要特别的理由，但是，这些简单的小圆饼却可以将快乐在朋友间传播。科学家已经证实，燕麦和巧克力中含有特殊的化学物质，有助于让低落的心情恢复愉快。如果朋友心情不好，为什么不送一盒曲奇给她呢？这款美味的小零食足以让微笑重新回到她的脸庞。

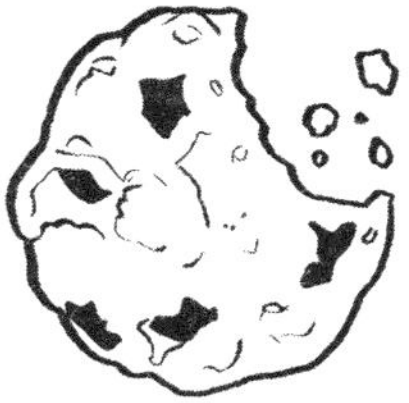

如何判断谁是你的好朋友

你可以不是学校里最受欢迎的女生，也没有必要用电话号码簿一样厚重的着装手册武装自己，但是，朋友不可少，可以分享快乐、分担痛苦的朋友，人人都需要。因为：

朋友就是——

- 把自己最担心的事情告诉她，发现她也和你一样。
- 别人觉得很冷的笑话，你们却笑得前仰后合，笑出了眼泪，笑痛了肚子。
- 把内心最深处的小秘密告诉她，而且坚信她会守口如瓶。
- 即便她不说，你也会感受到她的不开心。
- 趁他人没有发现，赶紧把裙子被掖在小裤裤里的糗事偷偷告诉你，免去你的尴尬。
- 可以一起做作业，一起吃蛋糕。
- 一起计划缤纷的周末和绚烂的假期。
- 自己摔成“嘴啃泥”，别人都会笑你，但你相信，她不会。
- 度假时给她写很多长长的信，把所有的新鲜事都和她分享，回来后把信交给她。
- 看电影时一起分享大桶爆米花。
- 放学刚到家，就迫不及待地给她打电话，有些话根本等不及到第二天再说。

- 对你的了解很深，甚至让你觉得恐怖，你还没开口，你还没行动，她就知道你要说什么，你要做什么。
- 即使自己把一切都搞得乱七八糟，你也肯定，她会永远支持你。

如何做一朵友谊之花

喊一帮闺蜜，大家一起做一朵友谊之花，让幸福快乐涌上心头，永不停歇。

你需要用到以下物品：

- 剪刀、茶盘、铅笔、不同颜色的薄卡片。
- 固体胶、钢笔。

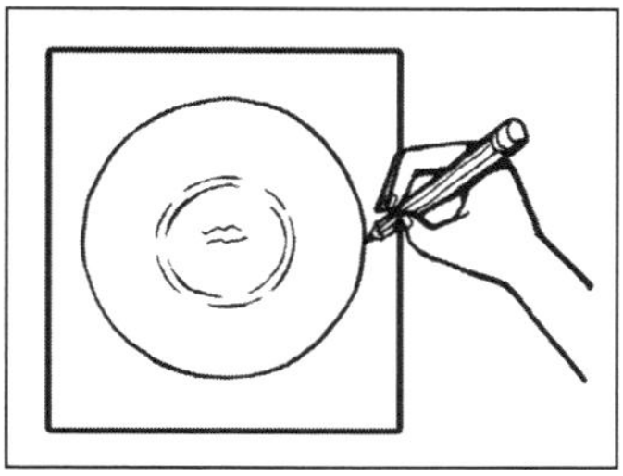

1 每人一张卡片，然后轮流将茶盘扣在卡片上，用铅笔描出轮廓。

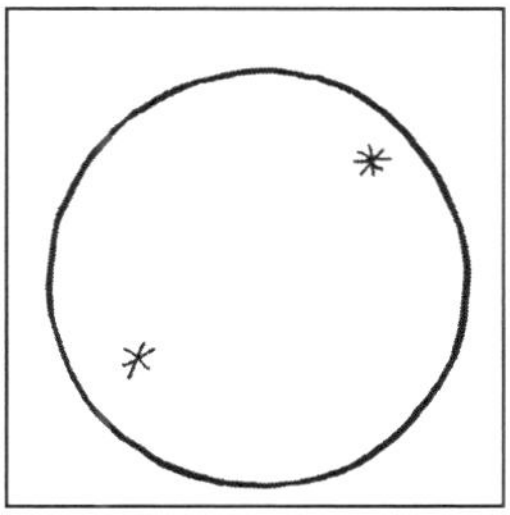

2 把画好的圆形剪下来，每人用黑体字将自己的名字写在圆形卡片的中心。这就是友谊之花的中心部分了。

3 用剩下的卡片剪花瓣，先剪出一瓣，然后再以第一瓣为模板，画出轮廓，这样比较简单。花瓣的形状取决于个人喜好，不过，一定要确保留出足够的空隙写字。

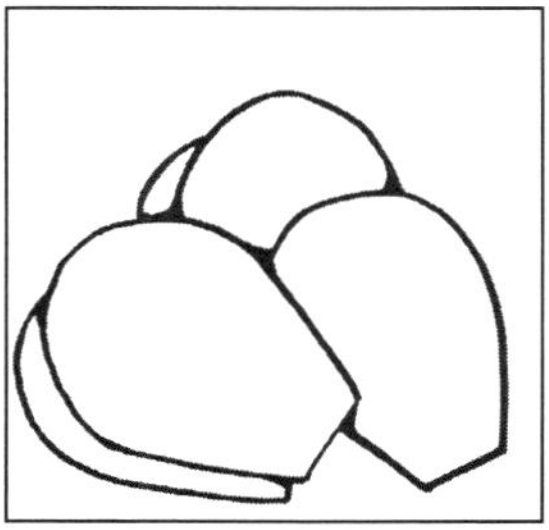

4 当每人至少有 5 片花瓣时，就可以开始最有意思的部分了。从一个朋友开始，让她大声说出自己的名字，其他人认为她最大的优点是什么，就在纸上写什么。比如，“她做的鬼脸最搞笑”“她足球技术太炫啦”，等等。写完后，全部交给这个朋友。

5 每个朋友都重复这一步骤，最后，每个人面前都会有 5 片花瓣。

6 在每片花瓣的最底部涂抹薄薄的一层胶水，将其粘在裁剪好的圆圈的背后，如右图所示，确保花瓣上的字从前面就可以看到。

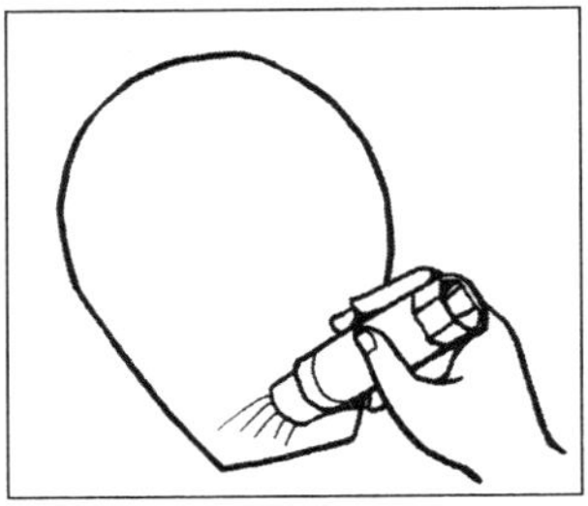

7 把做好的花贴在家里的墙上，或者保存在安全的地方，需要的时候，可以翻出来看看，想一想你在朋友心中多么特别吧。

如何借助朋友的力量

朋友可以一起笑，一起聊天，可是，你知道吗，借助朋友的力量，哪怕最疯狂的梦也有可能实现。

帮你实现目标

为了某项特殊的购买计划，或是学习有挑战性的舞蹈课程，你拼命地存零用钱，可是你发现，即便如此，目标似乎依然很难实现。好了，还是让朋友助你一臂之力吧。

1 将有类似目标的好朋友聚在一起，每周确定一个具体时间，大家见个面。比如，周一午餐时间就不错，这样也有利于大家以积极乐观的态度开始新的一周。

2 确定一个目标，如改掉咬指甲的毛病，将指甲养长，超出指尖，并确定达到这一目标的最后期限。

3 在日记本背后做个表格，在顶端把每个人的名字写成一排，每次见面的日期写在左边一栏，左边一栏下面多画几条线，将每次见面的具体情况做记录。

4 每次见面的时候，轮流讲一下自己的情况。然后相互鼓励，提出建议。比如，如果你发现某一款指甲油让你不再咬指甲了，就可以把这个秘密分享给大家。在表格中记下每个人的进步。

5 表格写满后，大家就可以庆祝一下了，即使有人还没有完成目标也没关系。

三个臭皮匠，顶个诸葛亮

和朋友在一起，即使最枯燥、乏味的工作也会变得容易、有趣。每个人都有特长，发挥大家的特长，你们的友谊就会无往不胜。

一定要一起努力。学校布置了一项任务，你不知从哪儿入手，那就计划一下“头脑风暴日”吧，在这一天，和朋友一起到当地的图书馆，或到某人家里，看看大家能够找到哪些有趣又有用的资料。

一定要相互帮助。如果你数学特别棒，可这门功课却让你的朋友很崩溃，那就帮帮她吧。同样，对于她擅长的科目，如果你很薄弱，她也可以帮你。相互帮助，家庭作业就都不在话下了，而且一起努力也会更有趣。

一定不要抄袭。否则，老师一定会找上门，彼此都会陷入麻烦当中。

如何平息朋友间的争吵

即使是最亲密的朋友，也避免不了大大小小的争吵。某一次，你最要好的两个闺蜜吵翻了，而且还让你做出选择，只能跟其中一个做朋友，真是很难解决！好了，赶紧让“友谊法庭”来帮忙，把各种争吵迅速公平地解决掉吧。

每个故事都有两面

1 选一个大家都有空的时间，把那两位吵着要见你的朋友以及其他朋友聚在一起。午饭休息时间最好，或者放学后、周末也可以。

2 大家到齐后，选择第三方作为议长，或者自己来扮演这个角色。其他人都属于陪审团。

3 角色分完之后，分别给争吵的双方 3 分钟时间，陈述事情经过。议长要确保她们保持冷静，并且知无不言，陈述她们自己认为的事实真相，她们那么做的原因，等等。

审议时间

4 议长和陪审团讨论做出判决的时候，吵架的双方要离开现场。双方的感受都要考虑到，最重要的是结果，是要让友谊继续——这就是你的工作。例如，如果朋友甲借了朋友乙的上衣，结果穿坏了，那你可以这么说，这只是一次意外。

朋友甲没有必要赔偿，但是，要让朋友乙从朋友甲的衣服里挑一件，借给她穿。

做出判决

确定最终该怎么做之后，就把吵架的那两位喊进来，告诉她们你的决定。让她们握手、拥抱，相视一笑。

GOOD

友情提醒：说不定吵架的双方在听到对方的讲述后，她们自己就把问题解决了。但是，不管怎样，你的判决都不能太严酷，否则，争吵只会继续，甚至会把问题搞得更糟。

如何制作友谊手链

又酷又时髦的手链很容易制作，戴在手上也很有趣。赶快动手，做几条你和朋友们都喜欢的友谊手链吧。

你需要用到以下物品：

- 剪刀、大钢夹、一张厚卡片、五种颜色的绣花线、尺子。

1 将其中一根绣花线量好，截成45厘米长的一段。以此为标准，将每种颜色的线都截成45厘米长。

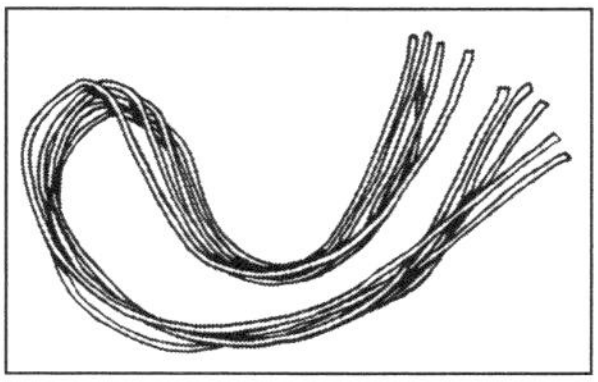

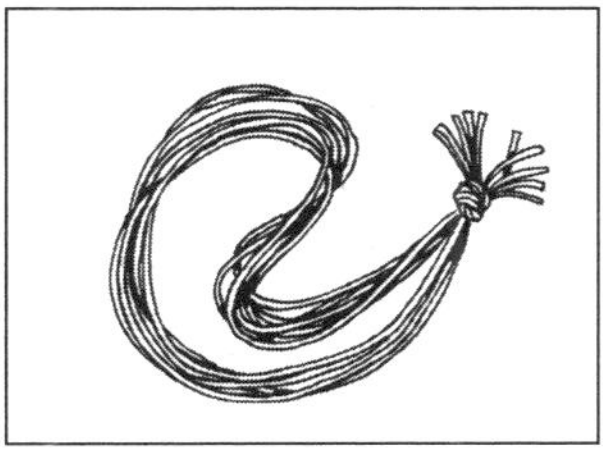

2 将5根线放一起，对折，在线头敞开的一端打结，打好的结距离线头顶端大约5厘米。

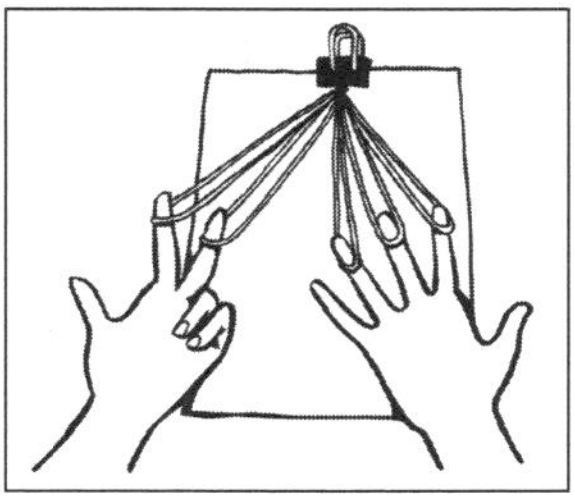

3 把大钢夹夹在纸板上，打好的结用钢夹夹住，让线的其他部分自然垂下来。

4 把5种颜色的线分开，用右手的食指、中指和无名指分别钩住3根，剩下的两根用左手的食指和中指钩住。

5 如右图所示，将右手食指上的线挪到左手空着的无名指上。5 根线要始终拉紧，保持整齐，以免缠在一起。

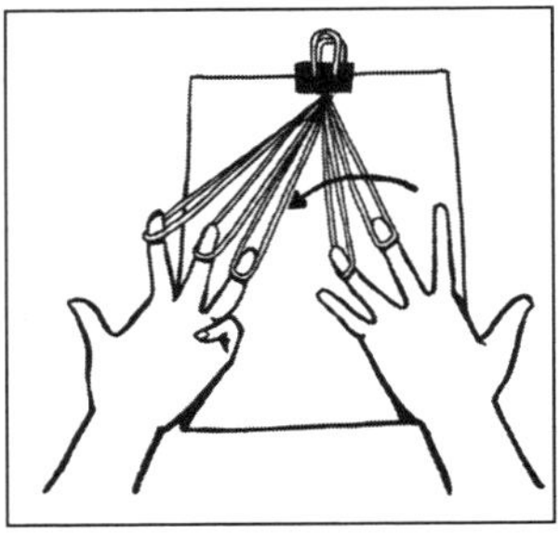

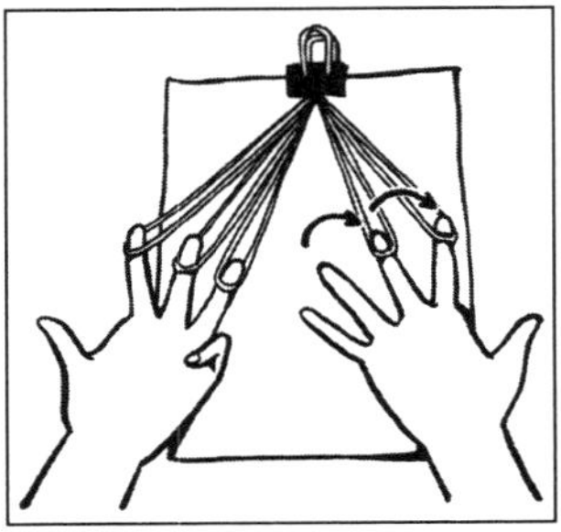

6 右手的两根线分别挪到食指和中指上。

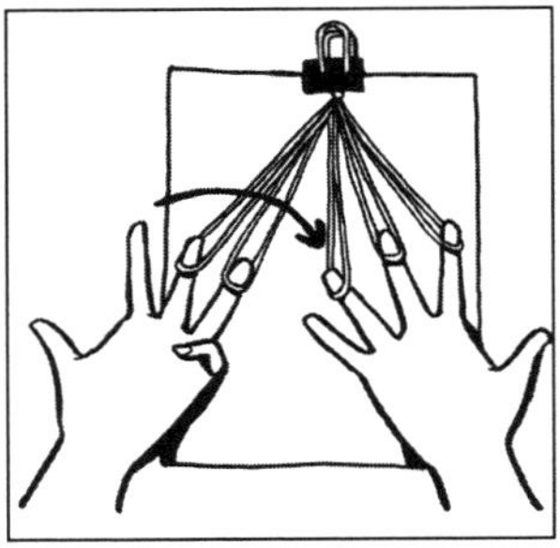

7 将左手食指上的线挪到右手无名指上。线要一直拉紧。

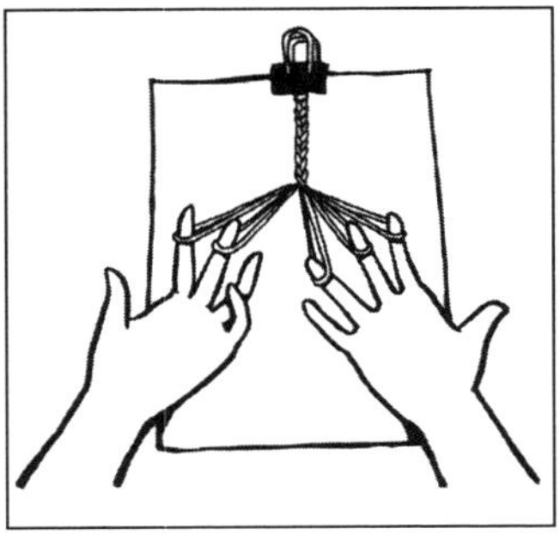

8 重复步骤 5~7，直到线的末端只剩 5 厘米为止。现在手链应该足够长，可以系在朋友的手腕上了。

9 将手链从钢夹下取出，戴在朋友手腕上，然后打双结固定。

10 相互把手链系在对方手上之后，就尽量不要拿下来了，能戴多久就戴多久，这也是友谊的象征。

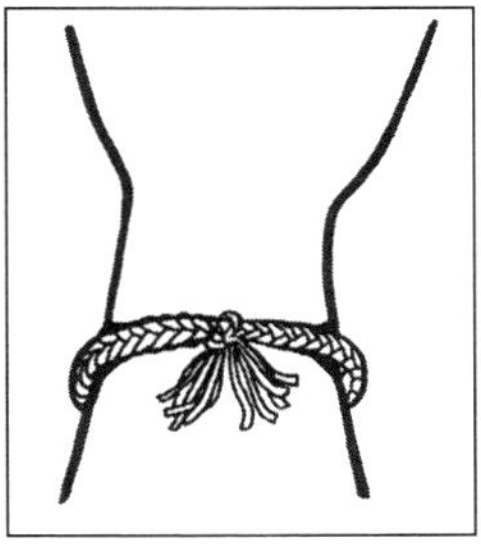

如何拥有一位假想的朋友

你有闺蜜、有笔友，甚至还有异性朋友。可是，你知道吗，其实还可以有假想的朋友，这样的朋友并不是真实的人，只是存在于你的脑海里而已。继续往下看，你就知道假想的朋友为何好处多多了。

- 不必限制自己只和普通人做朋友。为什么名人、小动物不可以？
- 假想的朋友不会模仿你的风格，你想把她打扮成什么样都随你，她是不会和你争吵的。
- 她会始终陪着你。每晚都可以到你家睡觉，怎么样，那些轰隆隆的雷声是不是就没那么恐怖了？

GOOD

友情提醒：不用写日记，可以给假想的朋友写信，把自己的想法都写给她。你会发现，有一对友好的耳朵倾听，你会把很多想法都与她分享。

如何做一个友谊盒子

把这份特别的礼物送给好朋友，向她保证，无论何时，你都会陪着她。

你需要用到以下物品：

- 一个空的火柴盒、剪刀、铅笔、一张你和朋友的合影。
- 固体胶、包装礼物的彩纸、一张较小的彩色书写纸。
- 五彩纸屑、丝带。

1 把火柴盒的抽屉拉出来，放在照片上，然后用铅笔在照片上描出轮廓，沿着轮廓把照片剪好，贴在火柴盒抽屉的底部。

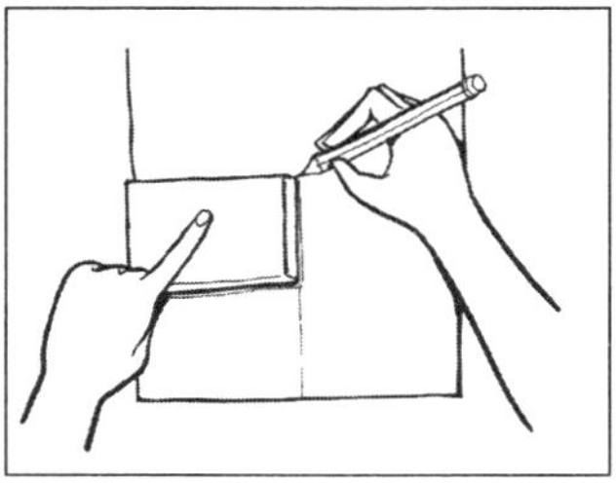

2 将包装纸的正面朝下放在面前，把火柴盒横着放在左下角，沿着四周描出轮廓，然后把火柴盒往上翻一下，最底下的边翻到最上面，然后

继续描出轮廓。将这一步骤再重复一次，包装纸上就有了一个长方形，大小相当于 3 个火柴盒。

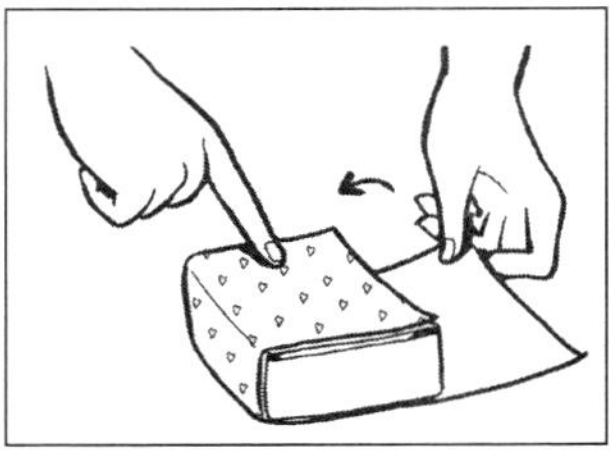

3 把长方形裁剪下来，然后在空白面涂上薄薄一层胶水。

4 把火柴盒的外层与长方形底边对齐，然后将火柴盒外层整齐地包好。晾干。

5 拿出一小张书写纸，用最漂亮的字迹抄写下面的诗句。或者自己作诗也行，这个视情况而定。

友谊之诗

在这个友谊小盒里面，
藏着最重要的信息。
我把它放好，等着你去看，
因为，只写给你的双眼。

珍惜盒中的信息，
把它放在你的心里，
这是友谊天长地久的印记，
没有什么可以将我们分离。

心情不好，感觉低落，
盒子就会对你说：
“无论何时，你还有我
今天，我做出这个承诺。”

6 然后在火柴盒的抽屉里塞满彩色纸屑，等朋友打开的时候，彩纸就会飘撒出来。

7 把火柴盒的抽屉合上，然后像系包裹一样用丝带系好，最后打一个漂亮的蝴蝶结。

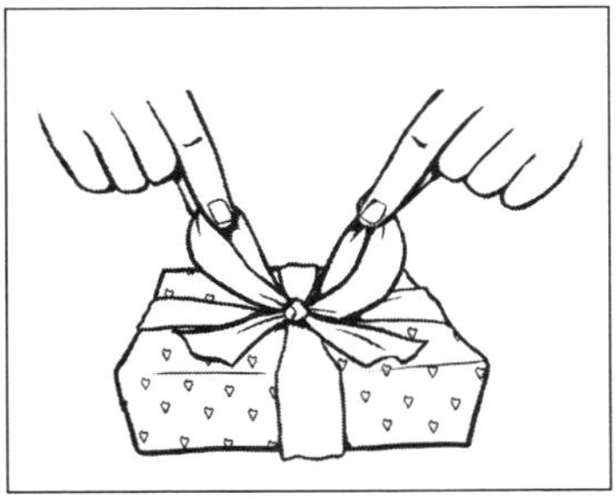

GOOD

友情提醒：如果朋友情绪很低落，干吗不做个友谊小盒子送给她逗她开心呢？或者在两人争吵之后，以此向她道歉也不错呀。不过，要记住一点，如果你收到了这样的礼物，一定要好好保管，用心珍藏，这可是你们友谊天长地久的见证哦！

如何让你的睡衣派对永远难忘

有时候白天特别忙，根本没空和朋友出去走走，因此，很久以前女生们就发明了“睡衣派对”。看看下面这些小建议，也让你们的派对之夜永远难忘吧。

睡衣派对的十条基本要点

要穿上可爱的睡衣和温暖舒适的短袜，这才是睡衣派对的标配。

要遵守父母的规定（尽可能全部遵守）。音乐音量放低，不大声喧哗，这样才能保证他们整晚都不会管你们。

要做一份派对音乐清单。每个人要带上自己最爱的三张音乐光盘。一开始可以播放声音较大的歌曲，父母认为你们该睡觉的时候，再换成较为安静的抒情曲目，音量要调小。

要备足巧克力。让每人带一块自己最爱的口味，然后相互分享。

要选一些精彩的电影，大家一起观看。恐怖的、搞笑的或煽情的都可以。

要尝试一下新发型。让大家自带发梳、发卡、发带、卷发器，然后就大显身手吧。睡衣派对最大的好处就是，就算发型特别丑，其他人也看不到。

要定闹钟。午夜才是吐露秘密、大快朵颐的最佳时刻，因此，一定不要错过。

要准备杂志。让大家尽可能多带自己最爱的杂志，最新几期或旧杂志都行，这样大家就可以一起翻看，讨论一下最爱的超级巨星了。

要她把暗恋对象交代出来，才让她离开屋子。

要准备好冰激凌哦！每人带一桶自己最爱的口味，然后全部倒进大碗里，冰激凌大杂烩就做成了。或者各自用勺子分开吃，这样也很美味。

如何识别真假朋友之一

有些人看似你的朋友，可当你遇到困难需要她们安慰的时候，她们却不见了踪影。想要知道如何分辨真假朋友，那就看看下面几条小妙招吧：

真正的朋友——

你不愿意做的事不会勉强你去做。例如，为了她自己快乐，却不顾你的尴尬，或强迫你做你认为不对的事。

见招拆招：要尝试站起来反对，并告诉她真正的朋友不会勉强你做任何事。如果她不听，那就划清界限，寻找真正喜欢你的人做朋友。

真正的朋友——

永远不会劝说其他人不理你。如果你的朋友下定决心不再和你做朋友了，她可能还会阻止其他人和你交往。

见招拆招：试着跟朋友逐个解释所发生的事情。如果她们不想知道，那就放弃好了——毕竟，和这样的人交朋友也没什么必要。既然她们会这么对你，以后一定会这么对待其他人。一定要当心其他女生也遭受和你同样的经历，不妨尝试和她们做朋友。

真正的朋友——

永远不会让你当众难堪。如果你的朋友当着其他人的面对你评头论足或开些让你难堪的玩笑，你会感觉受到了侮辱，会很难受。也许她看上去只是在开玩笑，可是伤害了你的感情。这样的人就不是真正的朋友。

见招拆招：等你们独处的时候，告诉她你的感受。也许她并没有意识到这让你伤心了，然后承诺下不为例。如果她仍然不改，那就少花些时间和她在一起，多处一些真正的朋友。

真正的朋友——

永远不会不经你允许就借你东西或拿你的钱。如果某一个朋友没有零用钱了，其他人帮她，和她分享，甚至买小零食给她，这都没问题。可是，她们不应该因此给你带来烦恼或让你感觉不舒服。

见招拆招：让其他朋友知道所发生的情况，或把烦恼告诉自己信任的家长或老师。

真正的朋友——

永远不会泄密。友谊就是要相互信任，如果彼此之间的信任崩塌，感觉就会很糟糕。

见招拆招：问问朋友，她为什么要把你的秘密泄露出去，并提醒她，你相信她不会告诉别人，才把秘密跟她说的。如果她道歉了，那就原谅她吧，但是，以后再准备把秘密告诉她的时候就要三思了，除非你能确定她会保密。

GOOD

友情提醒：越是亲密朋友，越容易没分寸，很多女生都是如此，想以此赢得其他人更多的关注和喜爱。她们之所以这么做，要么因为不开心，要么因为缺乏安全感。可是，这样会让你很伤心，对你不公平。如果你提醒她自己因为她很难过、很沮丧，而她却依然我行我素，那她就不配做你的朋友。

生活因为有朋友而更美好、更有趣，因此，这样糟糕的友谊的终止，也意味着你再也不用看到她就满心不舒服了。

如何识别真假朋友之二

真正的朋友就是你可以信任，且永远会支持你、帮助你的人。假朋友和你分享快乐没问题，可有困难时，她们就不见了踪影。下面就是分辨真假朋友的方法。

真朋友会这么说

- 我当然可以把最喜欢的上衣借给你了。
- 你怎么了？要是你愿意，就跟我说说吧。
- 相信我吧，没问题，我保证。
- 真希望你能来参加我的生日派对。
- 我们会在公园等你，下午 3 点，秋千旁。

假朋友这么说

- 那你拿什么回报我啊？
- 喂，打起精神来不行吗？
- 喂，快告诉我，我最喜欢听秘密了，好激动哦！
- 要想参加我的生日派对，你就得带上卡拉 ok 机子或者让你的漂亮姐姐一起，否则，就算了！
- 嗯，好吧，我们也许会在公园等你。

如何判断是否与朋友待在一起的时间太久了

有挚友陪伴固然很棒，可是，你知道吗，事情往往过犹不及，你们也许待在一起的时间太多了呢！什么，不知道？那就做一做下面这些“是”“否”小测试，看看你和朋友是不是太过亲密，简直成了别人眼中奇怪的“合体动物”！

“是”或“否”

- 她的父母会下意识地在饭桌上留出你的位置，即使你不在，也是如此。
- 每次她离开你出门度假，你都会抹眼泪。对你来说，天底下最悲伤的事就是她离开你。

- 你们参加不同的派对，总是穿得一模一样，而事先根本没有商量过。
- 如果有人问问题，你们总会同时给出相同的回答。
- 爸爸妈妈会把你的照片和她的照片同时摆放在家里的壁炉架上。
- 电话还没响，你就预感到她会打电话。
- 你的字迹和她的字迹简直一模一样。
- 其他朋友会把你们的名字混在一起，如你们的名字是“乔”和“露西”，结果大家都喊你们“乔西”，或者把“凯蒂”和“吉玛”直接喊成“凯玛”。
- 如果说你们不是姐妹，第一次遇到你们俩的人根本不会相信。

测试结果

如果以上测试有至少四条你的回答都是“是”，那不得不提醒你，你和她待在一起的时间确实太多了，再这么下去，真的有可能变成可怕的“合体动物”。趁现在来得及，赶紧采取行动。

应对策略

彼此关系亲密固然很好，可是，有自己独立的存在感也很重要。好朋友会给对方留出空间和时间，让她做真正的自己，会珍视她和自己不一样的地方，而不会时时刻刻保持完全相同的步调。尝试不同的兴趣爱好，这样彼此在见面时不但有更多的话题，而且还能帮你们交到新朋友。

如何预测你们的友谊

按照下面的方法，做个时髦的预测器，预测一下你和朋友的未来吧。

你需要用到以下物品：

- 一张 A4 纸、剪刀、钢笔、签字笔或彩色铅笔。

1 将 A4 纸较长的一边作为底边，将右上角折下来，与底边重合。左边就会留出一个长方形。用剪刀将长方形剪下来，剩下的部分是对折的三角形。

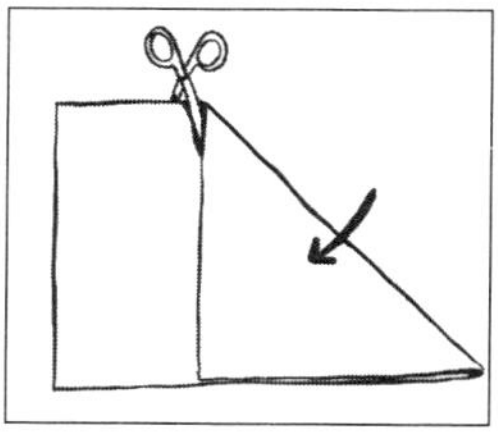

友情提醒：如果想把你们的预测器叠得整整齐齐，每折一下，就用指尖将折痕按压清楚。

2 把三角形最长的一边作为底边，对折，右角和左角完全重合。

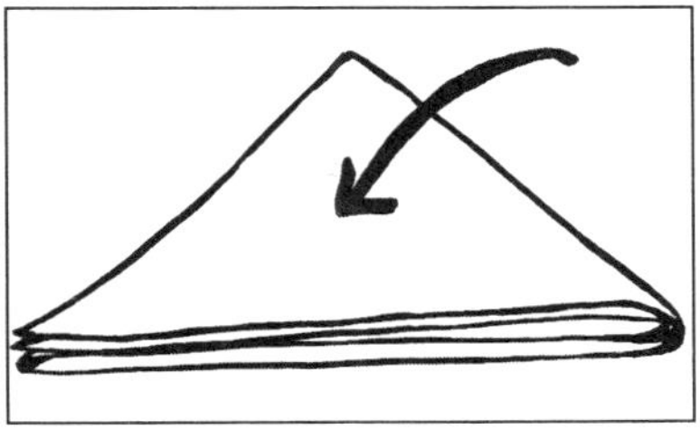

3 重复步骤 2，折出更小的三角形。

4 将纸打开，恢复到原来的正方形，纸上会有很多穿过中心点的折痕。

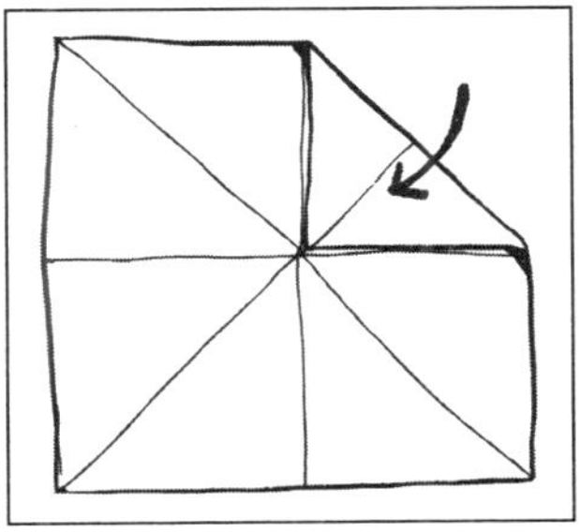

5 按照折痕，将四个角分别往中心点对折，折出一个小正方形。

6 将纸反过来，重复步骤 5，折出一个更小的正方形。

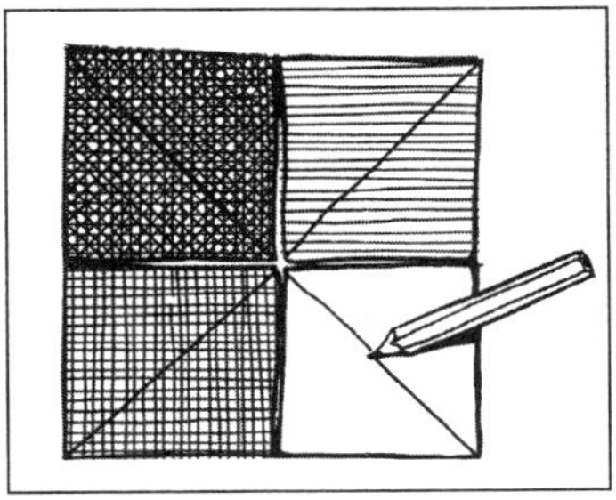

7 把折好的正方形反过来，你会看到四块翘起来的正方形。用签字笔或彩色铅笔把每一块都涂上不同的颜色。

8 再次将正方形反过来，给你看到的每一块小三角形标号，从 1 标到 8。

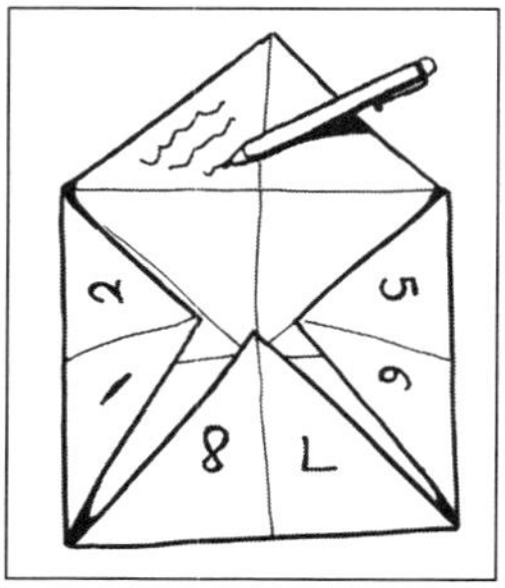

9 打开顶部的三角形，在折痕里面写一些对于友谊的预测。想写什么就写什么，但是，内容一定要神秘、有趣，例如：

- 穿粉色衣服，你就会交到新朋友。
- 周二，你喜欢的人会误解你。
- 小心青蛙或蟾蜍，它们或许会露出原型。

把剩下的三角形区域都写上预测内容，直到把 8 块区域都写好为止，然后将三角形全部折回去。

10 将正方形沿中线对折，折出一个长方形，每一边都会露出两种你涂的彩色方块。

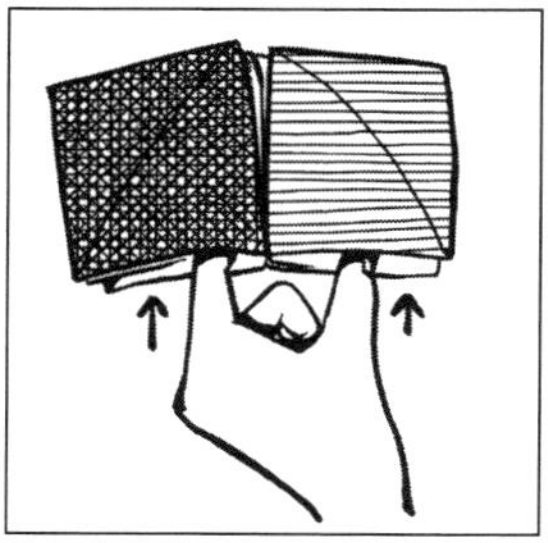

11 用大拇指和食指把四块彩色方块分别撑起来，顶端就会挤在一起，成为小小预测器的中心。

预测一下未来

使用预测器的时候，要把大拇指和食指捏在一起，保持四块涂好颜色的方块都可以被看到。让朋友挑一个颜色，开始给她做预测，这个颜色的单词含有几个字母，预测器就动几次。例如，朋友选了“蓝色”，那就将预测器动 4 次，4 次动作做完后，预测器的顶部是打开的状态，让你的朋友从看到的数字里面挑选一个。然后按照这个数字，继续捏动预测器，最后顶部依然是打开的状态，让她再选一个看到的数字，这次直接把对应所选数字的方块掀开，预测内容就可以看到了。

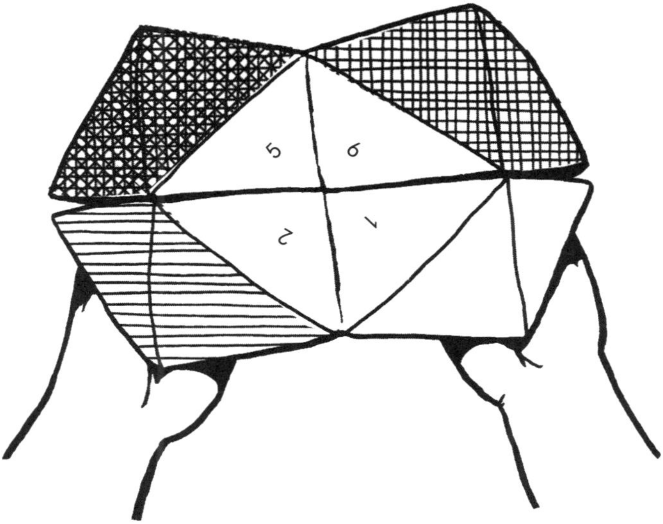

GOOD **友情提醒：**未来预测器很好做，所以，可以尝试把内容创新一下，预测生活的各个方面都可以。比如，可以做个感情预测器，预测出"有帅哥会主动借给你自行车哦"，或做个"课业预测器"，预测出"一定要把头发乌黑的老师留的家庭作业全部完成"，等等。

如何与宠物交朋友

方法 1：遛狗是一项很棒的锻炼，而且你还可以到公园呼吸新鲜空气。

方法 2：看电视的时候小猫是最好的陪伴，它不会说话，不会打扰你，而且有它坐在你的腿上，还很暖和。

方法 3：好吃的糖也不用和宠物分享，因为宠物吃糖会生病。哎呀，真不好意思，这么多糖只能独享了。

方法 4：宠物永远不会反对你，你做了傻事也不会嘲笑你，而且你心情不好的时候，它们随时会依偎在你身旁。

方法 5：你可以把所有秘密都小声告诉它，而且可以放心，它绝不会出卖你（当然，如果你的宠物是一只会说话的鹦鹉，那就另当别论了）。

如何用仪式确定彼此的友谊

所谓仪式，就是指在某种场合按照一定顺序，说一些特别的话，做一些特别的事。给你们的友谊举办个仪式，不仅显得正式，而且还会给你和朋友带来好运呢。仪式需要至少两个人参加。

你需要用到以下物品：

- 一张干净的桌布或毯子、用水壶或长颈瓶装好的果汁饮料。
- 每人一只杯子，外加一只备用的。
- 可以代表每个朋友的私人物品，例如最喜欢的照片或自制的礼物等。

确定地点

将桌布铺在地上。户外最好，如屋后花园的一角，或公园的大树下。

让大家把选好的物品放在桌布中间，然后紧挨自己的物品坐下来。

开始共饮

把饮料倒入其中一个杯子，大家轮流倒，每人一小口，要确保剩下的足够下一个人喝。把杯子中剩余的饮料平均分到其他杯子里，然后每人一个杯子，边喝边说：

“大家共同分掉了饮料，以后无论是快乐还是悲伤，也都要共同面对，永远如此。”

将真心放进去

现在把每个人的私人物品相互传递，可以是最喜欢的照片，也可以是友谊小盒子（具体参考“做一个友谊小盒子”一节）或友谊手链（具体参考“教你一招，迅速制作友谊手链”一节）。让大家分别挑出自己的物品，然后递给左边的朋友。传递物品的朋友要做出下列承诺：

“这个小物品（此处可以写出具体是什么物品）代表的是我，现在我把它给你，我保证，永远都会真心。”

接着，接受物品的朋友要这么说：

“我接受代表你的小物品（此处可以写出具体是什么物品），我保证会永远珍视它，珍视我们的友谊。”

神圣的圈

物品交换完毕后，让朋友们手拉手，闭上眼睛，唱下面这首神圣的友谊之歌：

我们是永远的好朋友，真正的朋友，
不分离，一直到永久；
我们心连心，共分享，
在岁月里徜徉。

GOOD

友情提醒：在仪式开始前，尽量让大家把歌词都记住，除非她闭着眼也能看到。

永远的朋友

祝贺你！现在你们就是永远的朋友了。下次有争吵或者不愉快，要记得今天的仪式，记住彼此承诺时的心情。这样就更容易原谅对方，让友谊之树枝繁叶茂了。

如何为她量身打造生日卡

为朋友量身打造的生日卡比商店里买来的酷多了，只要用心，一张旧卡片也可以变成个性化的生日卡。下次朋友过生日时，送一张这样的生日卡，她一定会喜欢的。

你需要用到以下物品：

- 一张旧生日卡、剪刀、尖头铅笔、雕塑用的黏土。
- 固体胶、胶带、朋友的照片、旧报纸或旧杂志。
- 一张空白纸。

1 在卡片下放一块雕塑用的黏土，然后用铅笔的尖头在想要制作生日卡的那部分戳一个洞。

2 将笔拔出来，将黏土挪走，然后将剪刀小心插入戳出的洞里，在卡片上剪出一块，这就是新卡片的“窗子”了。

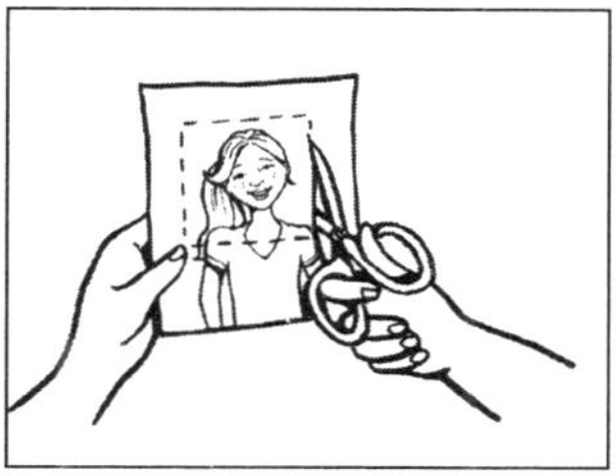

3 选一张朋友的靓照，然后从旧杂志上选一些她的偶像以及最爱的宠物的照片。大小应适合剪出的“窗子”，可以将卡片放在照片上试一试。然后将照片剪下来，四周多留出一些，用于粘贴。

4 把图片和照片放在卡片前页、“窗子”的后面，然后在里面用胶带贴好。

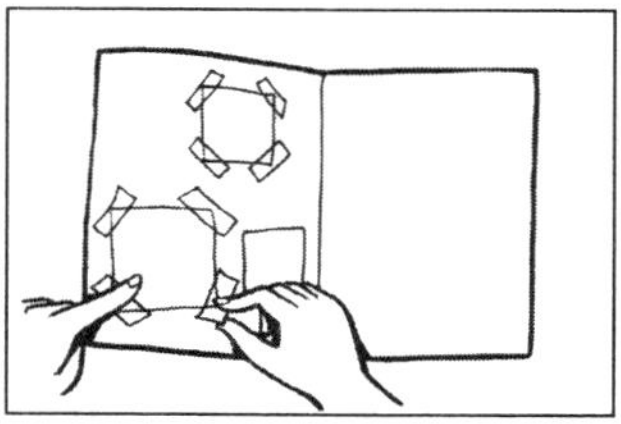

5 把卡片铺在空白纸上，用铅笔把轮廓描下来。然后拿走卡片，将描出的形状剪下来，这样你就有一张和卡片同等大小的白纸了。

6 用固体胶在卡片的里面和剪好的白纸上涂薄薄的一层胶水。把白纸贴在卡片的里面，将以前的信息以及胶带覆盖起来。

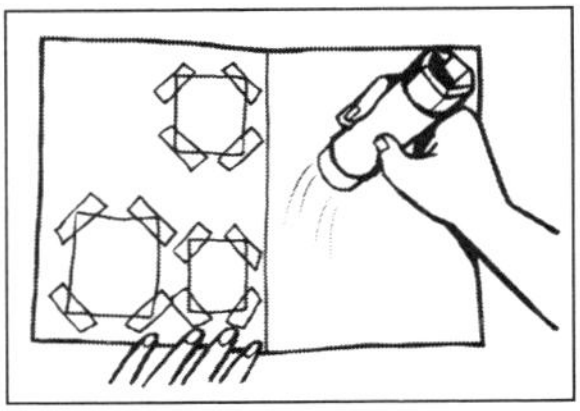

7 胶水晾干后，写下对朋友生日的祝福语，然后送给朋友。

GOOD

友情提醒： 制作卡片也不一定非为了生日。圣诞节或其他节日都可以按照上述方法为朋友制作卡片。朋友不开心，也可以试着做张卡片，把自己置于有趣的场景中逗她一笑。如果是生日卡，就得避免旧卡片的封面上有表示年龄的数字了，除非你的朋友刚好要过那一岁的生日！

如何玩“我来抓牌碰运气”

这种扑克游戏其实不需要扑克牌，用卡片就可以，而且在家就可以做，不仅可以和朋友一起玩，还可以让她们当游戏里的人物。

你需要用到以下物品：

- 三张 A4 大小的薄卡片、固体胶。
- 四张照片（一张你的，三张朋友的）、钢笔、剪刀。
- 旧杂志若干，或一台电脑和一台打印机、签字笔。

1 取一张卡片，沿长边对折一次，沿短边对折两次，得到八等分的小长方形。其他两张卡片也是同样的步骤。

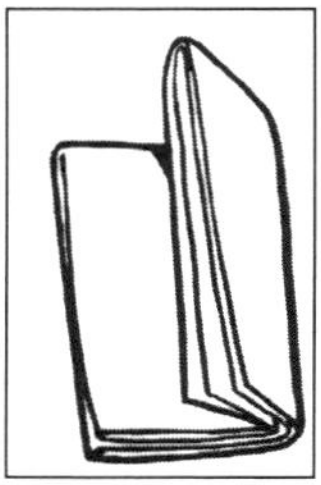

2 在其中一张卡片最顶端的小长方形里写出自己的名字，在顶端的其他三个小长方形里分别写出三位好朋友的名字。

3 用固体胶将你们的照片分别对应好各自的名字贴在名字下方。

4 照片的下面写出以下标题：最爱的颜色、最爱的动物、最爱的食物、最爱的偶像、最大的爱好等，然后详细写出朋友们的“最爱”。

5 翻看旧杂志，找出朋友们的“最爱”的各种图片，和步骤4的内容相对应（最爱的颜色除外），然后一一剪下来。如果没办法全部找到，那就上网搜一搜吧。差不多都找到后，问问家长，是否可以帮你用电脑打印出来。

6 图片基本找齐后，就可以把小长方形填满了。把图片分别贴在每个小长方形的中心，在长方形最上面横着写出该项“最爱”对应的主人的名字，图片下面写出该项“最爱”是什么。例如，顶端写“安娜”，底端写“最大的爱好：空手道”。

7 如果某一项对应的图片没找到，直接画出来就可以，然后涂色。

8 至于大家最爱的颜色，就把名字写在顶端，然后用签字笔在长方形的中心画粗粗的曲线，然后把颜色写在下方即可。

9 每张卡片上的小长方形都填满后，就把它们剪下来，这样你就有 24 张小卡片了。

友情提醒： 要想让卡片可以长久保存，用于不同的游戏，就在裁剪之前，先在上面封塑。

游戏的玩法

该游戏需要 2~6 个人一起玩。

1 将卡片打乱，一人发一张，正面朝下，直到把卡片发完为止。

2 每人小心翼翼看一下自己手里的卡片，但是，一定不要让他人看到。游戏的目的就是把每个人的“最爱”收集完整。

3 从发卡片左边的人开始。她必须向围坐在一起的下一个人索要一张自己需要的卡片。例如，如果她手里已经有“克莱尔的照片”“克莱尔最爱的颜色”了，那她就可以这么问：“你手中有克莱尔最爱的食物吗？”

4 如果被问的一方有这张卡片，就必须给问她的人，问她的人就可以继续要别的。如果被问的一方没有，那问的人必须说“我来抓牌碰运气”，然后再去问下一位。

5 谁收集的整套“最爱”最多，谁就获胜。

GOOD

友情提醒：轮到朋友的时候，一定要仔细听她要什么。这样你就能推测出她手中有什么卡片，然后轮到你的时候，你就知道向她们要什么了。

如何给她做张剪影照

剪影画特别容易出效果，看上去特别酷，而且跟真人也很像。和朋友一起轮流画剪影，按照下面的说明进行。

你需要用到以下物品：

- 三张 A3 白纸、两张 A3 黑纸、铅笔、台灯、剪刀。
- 大头钉、固体胶。

1 用大头钉将一张白纸钉在墙上（事前询问父母，是否可以这么做）。

2 台灯选好位置，光线要正对着纸张。

3 如果是白天，就把窗帘拉起来，尽可能将自然光挡住。如果是傍晚，就把其他灯都关掉，只留台灯。

4 让朋友在台灯前侧身站着或坐着，头部影子正好投射在白纸上。

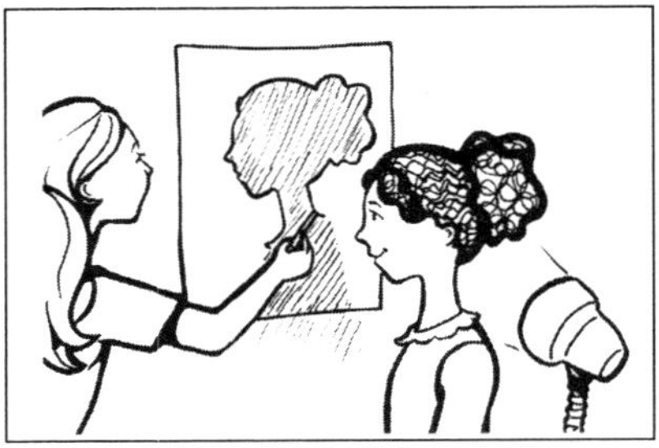

5 调整台灯的位置，直到朋友的影子在白纸上清晰可见为止。

6 用铅笔仔细把朋友的侧影描出来。

7 然后把白纸从墙上取下，沿着剪影裁下来，作为模板。

8 将模板放在黑纸上，描出轮廓，然后剪下来。

9 用固体胶把黑色的剪影贴在一张新的白纸上。

10 按照步骤 1 到步骤 7 的方法，请朋友帮你制作剪影。

11 将你的白色剪影贴在黑纸上——也就是说，你和朋友的剪影图颜色完全相反。

12 用精美的边框把你们的艺术作品装饰一下，或者直接用大头钉钉在墙上比较明显的位置。

GOOD

友情提醒：干吗只用白色或黑色？可以尝试不同的颜色组合，创作真正炫酷的艺术作品。蓝色背景、桃红色剪影就很漂亮，或者用礼品包装纸制作也不错。

如何为小伙伴举行友谊颁奖仪式

举行友谊颁奖仪式是向小伙伴证明你在乎她的好方法。可以凑某个人的派对举行，可以趁和朋友一起过夜时举行，也可以在某天放学后把大家喊到一起举行。

计 划

先要想好所要颁发的奖项。比如：

最有趣的朋友	最擅长出谋划策的朋友
最有品位的朋友	最擅长运动的朋友
最好的倾听者	最公平的朋友
最聪明的朋友	交情最深的朋友
最忠诚的朋友	最有耐心的朋友

你和其他朋友作为裁判团。为公平起见，每个朋友都必须获得一个奖项，而且只能获得一个奖项。把自己的想法写在一张纸上，藏好，等到举行仪式时再公布。

奖 品

宣布奖项之后，朋友们需要把这种荣誉骄傲地佩戴出来，最好的方式就是将其制成奖章，制作方法很简单。

你需要用到以下物品：

- 一张彩色的卡片（最好是 A4 纸大小）。
- 一张薄薄的白纸、铅笔、荧光笔、剪刀、安全别针。

胶 带

1 将薄薄的白纸放在如左图所示的五角星上，用铅笔仔细将轮廓描出来，然后剪下来。这个就是模板了。

2 将白纸的五角星模板放在彩色卡片的左下角，用铅笔勾出轮廓。

3 将五角星模板往右挪动，继续勾出轮廓。重复这一步骤，直到卡片上画满五角星为止。

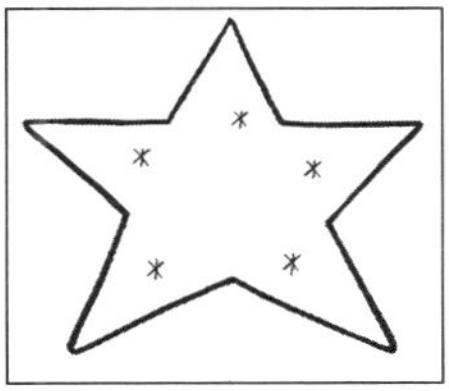

4 在每个奖章上用荧光笔写出获胜者的名字以及奖项，如“莫利，最有趣的朋友”。

5 荧光笔的书写晾干后，用胶带将安全别针仔细粘在每个奖章背后。注意，一定不要粘住可以活动的针，而是粘住将针别住的一边。

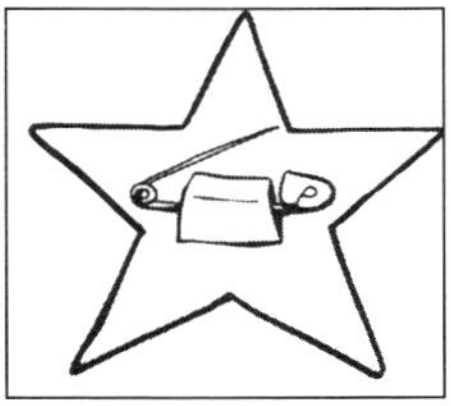

GOOD

友情提醒：如果想让奖章看上去非常特别，就用闪光胶水以及金属片等装饰品进行装饰。

宣布结果

举行仪式时，把每个人对应的奖章发下去，同时还要说出理由，例如“尼娜被选为最有品位的朋友，因为她任何时候都不会穿错衣服，连校服穿起来都酷酷的”。

如何治疗友谊的疑难杂症

“豁达医生”专治友谊的疑难杂症，确保友谊恢复健康。下面就是她对常见友谊病症的回复：

来信 1

亲爱的“豁达医生”：

我们班有个女生，大家都不理睬她。我真的替她难过，想和她做朋友。可我担心，如果这么做，我的朋友会笑我，也会冷落我。

“豁达医生”这么说：

没有发生的事情根本不用担心。如果你想和这个女生交朋友，完全没问题，但是，要一步步来。一开始，可以在早晨见面时微微一笑，说句“你好”。慢慢地，如果她在旁边，就跟她聊聊天。不用刻意，朋友们就不会感觉受到了威胁，担心你只和这个女生交朋友，而忽略她们。所以，她们也就不会太在意了。你能体谅这个女生的感受很好，其他朋友应该以你为榜样！

来信 2

亲爱的“豁达医生”：

我感觉好像朋友们的零用钱都比我多，而且她们的家长总是给她们买新衣服。和她们相比，我觉得自己土里土气，好不公平。

“豁达医生”这么说：

是否土里土气并不是穿什么衣服、有多少零用钱决定的。你的朋友喜欢你，觉得你很酷，是因为你本身的特质，而不会考虑你钱包里有多少钱。如果你想改变一下形象，那就把衣柜好好整理一番，尝试一下新的搭配吧。记住，是否酷最终取决于自身，而非买什么、穿什么。你有自己的价值和优点，或者擅长逗大家哈哈一笑，或者擅长出谋划策，所以，这就很强啊，以后继续保持！

来信 3

亲爱的“豁达医生”：

最近我的一个好朋友行为有些怪异，她总是独来独往，午饭时也不和大家坐在一起，情绪很低落。以前她可不是这样，话可多了，可现在却总是一言不发。您觉得会不会是因为我做错了什么？

“豁达医生”这么说：

听你这么说，我感觉应该是你的朋友心里有疙瘩，并不一定是因你而起。也许是家里有什么事，她觉得很烦恼，又无法向人诉说。你可以尝试把她单独喊到一边，告诉她，你很担心她，并问她自己是否可以帮上忙。如果她还是不说，那最好跟你信任的家长或老师交流一下，把好朋友的情况反映给他们。也许他们可以弄清楚到底是怎么回事。你这么关心朋友，真棒！祝你好运！

如何搭建快乐大本营

自己动手，搭起帐篷，构建自己的快乐大本营，这样就可以和好朋友一起出去玩，同时又可以免去家长的唠叨。搭帐篷的方法如下：

寻找根据地

要找一块足够大的地方，放得下大家的物品，而且有足够大的空间让大家坐下来。阁楼？车库？或者卧室的一角？自己找找看，只要合适都可以。

个性化定制及装饰

要想让你们的帐篷看上去很漂亮、别致，那就得开动脑筋，发挥创造力。可以参考以下建议：

- 可以在墙上悬挂大大的钉板，方便张贴海报，每周还可以换掉海报，及时更新你们关注的人和事。

- 购买或找他人借一些彩灯，帐篷马上就会变成少女的梦幻天堂了。
- 准备一个大箱子，作为储物箱，里面堆放你们的秘密零食和秘密物品，如糖、饮料、杂志和游戏等。
- 当然了，每个人还得有落座的地方，这么说来，何不准备一块彰显个性的垫子呢？

制作野营睡垫

你需要用到以下物品：

- 一块旧垫子、布料、剪刀、别针、针。
- 和布料颜色相似的线、织物专用染料、旧报纸、画笔。
- 织物胶水、纽扣或金属小片。

1 裁出一块布料，尺寸在垫子的两倍大小的基础上，长和宽各加 5 厘米。

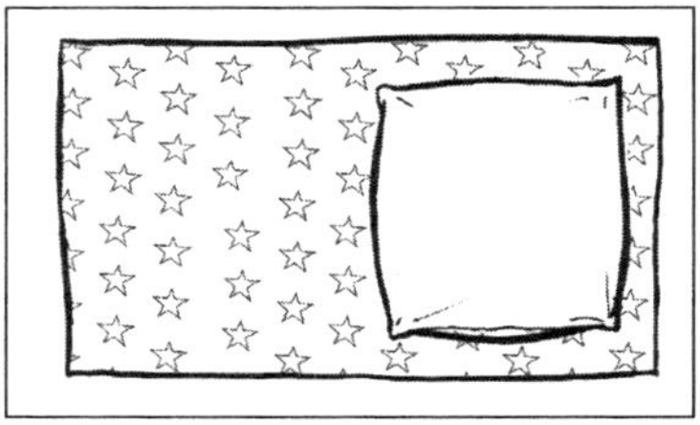

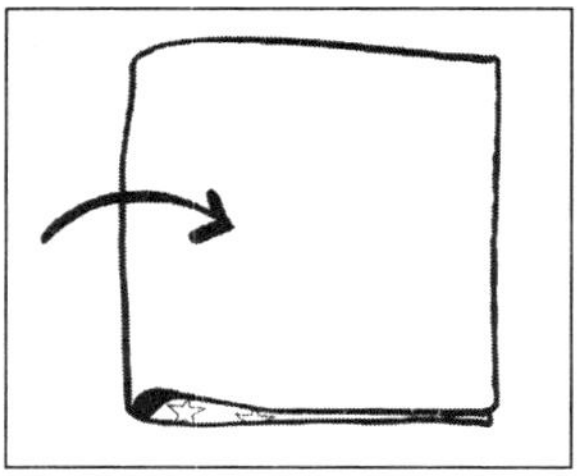

2 将裁好的布料对折，有图案的一面朝里。

3 用别针将织物的边缘别起来，留出一边。

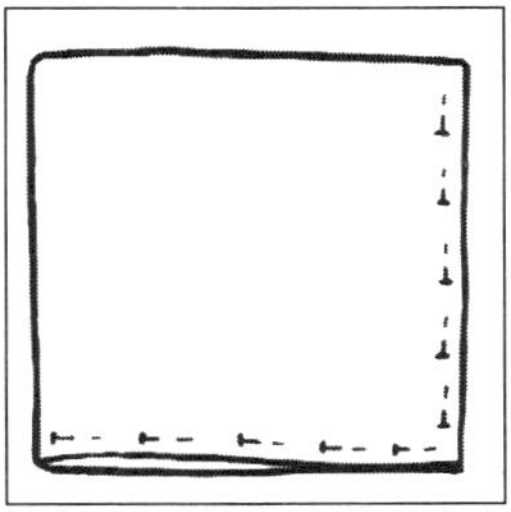

4 将大约 1.5 米的线穿到针上，在末端打双结。然后从布料的左下角开始缝起，一直缝到和底边垂直的右边的最上角，打结。

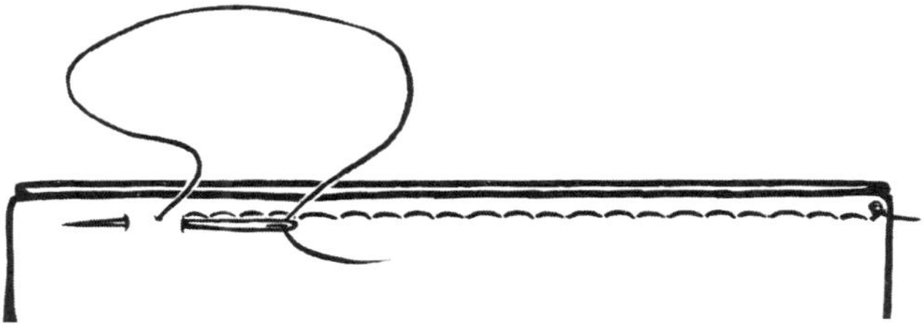

5 缝的针脚要成直线，且距离布料的边缘不超过 1.5 厘米。缝制的时候，一个针脚大约 1.5 厘米，每往前逢一针，针尖都要回到前一针的针脚处，线要拉紧，然后把针拔出，针尖再往前送 1 厘米，这样才能缝出没有空隙的密实针脚。

6 一边缝制结束后，留出和邻边大约 1.5 厘米的距离，然后按照步骤 5 继续缝邻边。缝到右上角时，在同一位置，来回缝 10 次，打结，以便将针脚固定好，然后剪掉多余的线。

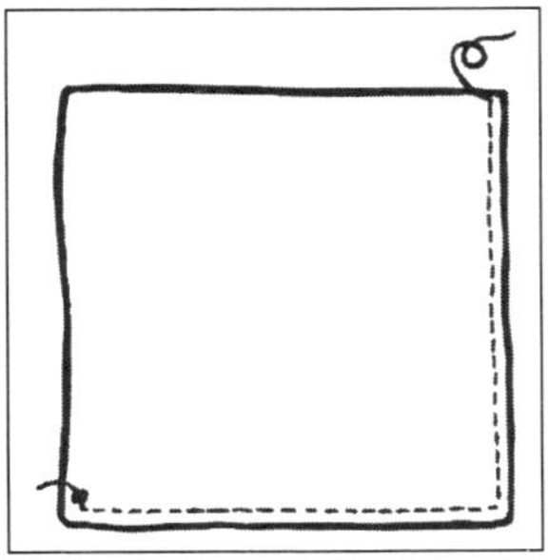

7 把缝好的垫子套翻过来，里面垫上报纸，以免另一面被染上。

8 用织物专用染料给垫子套做装饰，可以画上团队的徽章（具体参考“自己动手做队服”一节中徽章的制作方法）或其他自己喜欢的图案。记住，要把自己名字的首字母写出来，这样大家才能分清垫子是谁的。完成后，用胶水在上面粘上金属小片、纽扣等，然后晾干。

9 把垫子装进去，敞开的每一边都往里折 1.5 厘米左右，然后将两片布料缝在一起。缝制方法和之前一样。

友情提醒：快乐大本营制作完成后，可以问问父母，是否可以在这儿举办疯狂的“睡衣派对”（具体参考“睡衣派对超级棒”一节）？

如何在争吵之后和好如初

事情是这样的，一开始你和她只是理论了几句，结果，理论变成了争吵，你还没回过神，两个人就闹掰了。这种情况在好朋友之间真是太容易发生了！不过，根本没必要因为争论或争吵而停止和她做朋友，只要学学怎么和好就行了。

逗她笑

逗她笑绝不会错。如果你们关系非常好，那你一定知道怎么能把她逗得“咯咯”直笑。只要选对方式，她一定忍不住，皱在一起的眉头瞬间就变成了“咯咯”的笑声。可以尝试以下方法：

- 看着她的眼睛，扮最夸张的鬼脸。
- 给她打电话，在电话里唱搞笑歌曲。
- 唤起回忆，让她想象某次非常滑稽的场景，当时的你正在……

给她写一张道歉卡

如果你感觉在争吵过程中是你不对，那就给她写一张道歉卡吧。选一张正面印着“对不起”字样的卡片，或自己亲手把“对不起”写上去也可以。卡片里面具体写出道歉的话，要发自肺腑。解释你当时为什么那么做，并请她原谅，将这一页翻过去。

“贿赂”她

要想重新换回朋友的笑脸，“贿赂”肯定好使。比如，用自己的零花钱请她看电影，给她买杂志，甚至把自己崭新的上衣借给她穿，她肯定毫无招架之力。

怎样确保不愉快再也不会发生

和好之后，一定要保证，不愉快再也不会发生了。可以郑重其事举行个仪式：和朋友面对面坐下来，彼此的小手指相互钩在一起。手臂上下摆动，同时念出类似于下面的“口令”：

新朋友，老朋友，
千万不要闹别扭。
拉钩，上吊，
一百年，不许变。

如何为友谊做一个回忆盒

现在或许你不信，但等你白发苍苍、满脸皱纹的时候，你就会发现，小时候和好朋友在一起的很多趣事都记不清了。所以，赶快给友谊做个回忆盒，将所有值得回忆的事情都放进去，多年后打开看看，那些美好的时刻依然会浮现在眼前。

你需要用到以下物品：

- 一个饼干或巧克力盒子、各种颜色的水溶漆。
- 防褪色的马克笔、钢笔若干、密封胶带。
- 一张书写纸，每人一只信封。
- 和朋友一起收集一些值得回忆的事或信息。

1 用肥皂水清洗盒子，去掉饼干碎屑或巧克力碎屑。用清水冲洗，然后晾干。

2 用浅色漆涂刷盒子的表面和盒盖，如淡蓝色或黄色等，晾干。涂刷的时候用水溶漆，因为水溶漆更容易服帖。

3 在盒底的里面画上漂亮的图案。可以画心形、花朵或直接画团队的徽章（具体参考“自己动手做队服”一节中徽章的制作方法）。画好后，将盒子侧过来，开始画侧面。

4 盒盖上用马克笔写黑体字，即未来你准备再次打开盒子的日期，例如到 2050 年 8 月再打开。然后晾干。

5 选取准备放进盒子的东西。想一想，有哪些回忆你准备保存到未来。以下这些都适合保存到友谊回忆盒：

- 大家的合影。
- 最喜欢的歌星或影星的照片。
- 大家一起做过的事情、忙过的项目。例如，大家一起参与的表演，最喜欢的那部电影的电影票，观看过的体育赛事的剪报，等等。

6 每人发一张纸、一个信封、一支笔，让大家写一封信，等到可以开启盒子的那个时候再念出来。在信中自己想写什么就写什么，可以是大家共度的一段时光，可以是你最喜欢的每个朋友的优点。甚至可以写当朋友们打开盒子的时候，你希望她们做什么。

7 信写好后，装进信封，然后密封起来。

8 把信收齐，连同美好的回忆一起放入友谊回忆盒。

9 将盒盖盖上，在接合处，多贴几层密封胶带。

10 让每个人用马克笔在胶带上写出自己名字的首字母，这样就能确保在说好的日期之前，没有人会偷看了。

11 将回忆盒藏在平时不常去的地方。比如，阁楼上、大衣柜最里面或床下，甚至征得父母同意，在花园里挖个洞，将回忆盒埋进去都可以。

GOOD

友情提醒：如果搬家了，千万别忘了把回忆盒一起带走。否则，几十年后，你的房子的新主人肯定不会欢迎一群老太婆来敲门，然后要求到阁楼找什么友谊回忆盒。

如何跟自己交朋友

你知道吗？其实你已经遇到了世界上最了解你的那个人。她时时刻刻陪着你，总是会花时间听你诉说遇到的问题，给你鼓励，让你振作起来。看看下面这些小贴士，学会和这个人交朋友，尽力照顾好她，因为，“她”就是你自己！

- 不要太当真。如果你觉得烦闷，想要发火，何不让微笑在脸上绽放？你会发现，只要微笑爬上脸，想不开心都难。
- 每周周末，列出自己做过的五件有意义的事。例如，学会了自由泳，在学校受到了表扬，等等。
- 友善对待自己的身体。不要把所有空闲时间都花在电视或电脑上，出去走走，做些锻炼。
- 每次完成目标时，都拍拍自己的背——你肯定希望朋友这么做！
- 一个人的黄金时光。即使没有和朋友一起外出，也要学会自娱自乐。读读书、做些小创意、或者只是发发呆，都不错——这样的时间，你值得拥有！

如何与名人交朋友

明星的生活看起来特别耀眼——派对、颁奖典礼、国际美誉……其实，放下这些光环，明星和普通人没什么两样！下面就说说怎么和名人做朋友。

不要过于追星。看到明星，一定要保持平静。当然了，心里七上八下，保持平静并不容易。这个时候，如果你把对方看成是和你没什么两样的平常人，他们会更容易和你做朋友。

要逗他们笑。不要迫不及待地去问他们最新的电影或歌曲作品，可以尝试来个有趣的问题，博他们一笑。例如，“你是把饼干泡在茶水里喝掉，还是边吃边喝？”或“鲨鱼和海豚，你更喜欢哪一个？”避谈他们的职业，谈谈轻松的话题，你的偶像肯定会很热心回答。

要真诚。就像和普通人交朋友一样，如果你对名人真诚，他们也会成为你的朋友的。如果他们感觉你只是为了借助他们混进娱乐圈派对，那么，你还没来得及开口说“请到贵宾区”，他们就已经走了。

要加入他们的粉丝俱乐部。这样，你不仅可以快速获得他们的官方网站的网址，还可以最早获知你的偶像下次会在哪个地方露面。这样的话，排在队伍最前面要签名，和他们聊几句，就有得天独厚的优势了。

要给偶像写信或发邮件。这样他们不仅会感受到你的关注和关心，有时候也会回信。如果他们不回信，或设置了自动回复，也不要太沮丧。名人都很忙，可能没有时间一一回复。

要友好对待“潜力股”。没错儿，就算你和她成为好朋友了，她能登上好莱坞顶级明星榜单的可能性也很小，不过，一个真正有实力的演员说不定一夜之间就火了起来，大获成功。所以，趁现在还来得及，赶紧登上他们的圣诞卡榜单吧！

如何让自己的形象大颠覆

和朋友聚在一起，相互化个非常夸张的妆容，一改往日形象，肯定很搞笑，而且超具颠覆性。下面这些让人大跌眼镜的点子都不错，肯定可以创造出不一样的“品位”。

惊心动魄的“馊”主意

让朋友坐在椅子上，你站在她身后。让她先把头发梳顺，以免打结，然后开始做发型。可以参考以下方法：

乱糟糟的长发——越乱越好。头发不用打湿，将部分头发做出“爆炸头”造型，整体形象看上去粗野、凌乱。

做“爆炸头”的话，先在头顶处取一绺头发，2~3 厘米宽的范围，用左手抓住，右手拿发梳，在距离头皮 3 厘米的地方轻轻梳理头发，朝头皮方向梳，直到头发显出蓬松效果为止，注意不要使劲儿拉。重复这一方法，把头顶的头发全部梳乱，将剩下的头发全部固定在头顶。

短发——根根竖起就对了。把头发打湿，用发胶或发蜡将朋友的头发全部打理成尖尖的形状，在头顶竖起，晾干即可。最后再喷些带闪光效果的喷雾。

GOOD **友情提醒：**用鲜亮的对比色把朋友的头发染成条状花纹，回头率定会很高。

! **注意：**如果不想失去朋友或冒险挨骂，任何时候都不要动剪刀。理发还是交由成年人负责吧。

大胆搭配新装束

让每个人带一些自己的衣服，然后把这些衣服混搭，创造出最新的款式和搭配方法。比如下面这几种就不错：

从头亮到尾。尝试把所有最鲜亮的单件衣物混在一起，打造一身超级疯狂、五彩缤纷的撞色行头。

几何图案荟萃。格纹、条纹、波点统统混在一起，怎么样，如此诡异古怪的风格多看一眼是不是都好晕？

越多越好。 别忘了还有配饰——亮闪闪的配饰，越多越好。手镯叠加戴在一起，大耳环还不够，再来个大大的吊坠！

妆不惊人死不休

什么素面朝天，统统不要！准备好了吗？问一下妈妈有没有不用的化妆品可以借给你用，如果没有，就把杂志前面的免费化妆品小样积攒起来。

夺人眼目的眼睛。用亮色眼影在朋友的眼睑上晕染开，紧贴眉毛。浓浓的摇滚风立刻扑面而来。

奇葩嘴唇。选择鲜艳的粉红色或大红色唇彩，按照朋友的唇形涂抹，或只涂抹上下嘴唇的中间一点点，就像日本的“艺伎”一样。

无法忽略的脸颊。金棕色的阴影粉或炫亮的粉色腮红都可以，用粉刷从颧骨一直往上刷，刷到发际线，或者只涂抹颧骨处两点，看上去像极了年画娃娃。

全部完工后，让朋友看看镜子中的自己，小心，等她笑完缓过神，肯定会变本加厉报复你的。多拍些照片，留下彼此的奇葩装扮吧，当然了，回家之前可别忘了恢复原貌。

如何确保友谊是否安全

无论是和老朋友一起外出，还是在网上结交了新伙伴，个人安全都要注意，这样才能玩得开心，同时又不会把自己置于危险之中。看看下面这些小贴士，来确保友谊安全。

不要在网上和他人聊天时，透露任何个人信息。包括你的全名、学校、朋友的详细信息、住址（最多只能告诉对方在哪个城镇）。如果有人不停地打听这些，提出要见你，赶紧下线，向你信任的家长或老师求助。

要保护自己。平时自己从来不做的事，不要因为受到怂恿，或因为其他人都做了，你就盲目跟随。

要在出门的时候告诉父母自己去哪儿了。这并不是说要让他们完全掌控你的生活，而是以防你没有按时回家时，他们方便寻找。

不要把无害的恶作剧和真正的麻烦混为一谈。用无害的恶作剧逗对方确实很好玩，可是，如果会给他人带来危险或烦恼，问题就严重了。

要相信自己的直觉。情况不对，你第一时间会感觉到，这就是直觉。如果你觉得必须离开，或者必须告诉家长或老师，那就不要犹豫，赶紧行动！

如何与男生做闺蜜

说到男生，可能你会觉得他们太吵闹，而且有一股汗臭味，因此，希望离他们远远的，其实，男生也可以成为很好的朋友。真的，不信你看——

原因 1： 有麻烦了？找个男生聊聊吧，他们的观点可能会让你从完全不同的角度看问题。

原因 2： 男生擅长冒险、做秘密小窝、搭树屋以及设计障碍路线。

原因 3： 如果你让他们很恼火，他们会直接告诉你，而不会生闷气或莫名其妙不理你。

原因 4：遇到困难的时候，男生很可能会为你提出异想天开的解决办法。

原因 5：男生从来不怕玩耍的时候“挂彩”，所以，如果你想爬树或学霹雳舞，找男生再合适不过了。

原因 6：如果你言语温和，他不仅会把宝贝滑板借给你，还会教你怎么玩！真是太酷了！

原因 7：男生不仅会收集好玩的电脑游戏，而且还知道游戏闯关的小花招和秘密路线，很棒吧？

原因 8：如果你要给足球场上的球队呐喊助威，他们会给你最有用的建议。

GOOD **友情提醒：**男生也是有感情的，信不信由你。因此，维护小姐妹之间友谊的黄金法则，也适用于男生朋友。

如何判断你的朋友是不是狼人

经过长时间的演变，狼人看上去和自然人已经没什么两样了，只是在月圆之夜的时候才会变回狼的外形。你的朋友中有没有这种双重身份者，过着传说中怪兽的生活呢？看看下面这些小贴士，很快就能识破。

蛛丝马迹

- 她的卧室里总是有很多兽毛，可她只养金鱼，没养别的宠物。
- 为了待在家，她会编出奇怪的理由，只要是月圆之夜，她就不会见你，而且第二天会异常疲惫，根本不像她所说的很早就睡觉了。

- 她讨厌去公园，特别害怕听到犬笛，甚至有时候你根本都没听到，她却被吓得无力招架了。
- 她的头发、指甲长得特别特别快，时不时就得去修剪。
- 月圆之夜的第二天，当地报纸会报道，一只满身毛发的奇怪动物在农田出没，报道旁边还有一张模糊的照片。你虽然没有百分百的把握，但是，依然可以确定，那个奇怪的动物穿的正是——你朋友最爱的粉色运动鞋！
- 她听到最爱的流行歌曲，随之哼唱的时候，听上去很像狼嚎。

如何应对

不要恐慌。到目前也没有确切的报道说真的发现了狼人，更别说狼人伤害人类了。

要多储备朋友最爱的饼干。狼人比你还爱吃甜食。

不要把自己的怀疑告诉他人。否则，她们会嘲笑你的朋友，甚至会觉得你精神不正常。

要等她来处理打不开的罐子。狼人都很强壮，而且乐于提供帮助。

GOOD

友情提醒：狼人是人类最忠诚的朋友，不过，要注意，她会用舌头舔你的脸哦！

如何控制你的笑

和好朋友一起有说有笑自然很棒，不过，有时候，不许笑也很有意思。“不许笑”游戏特别适合派对开始时，或者沉闷的下午，这样沉闷就一去不复返了。

和朋友面对面站成一个圆圈，选择其中一人当“笑脸”，其他人必须尽可能绷着脸，一点儿笑容都不许有。

“笑脸”开始笑，能笑多夸张就笑多夸张。笑的同时，要伸手摸脸，做擦拭动作，就像把笑容从脸上“擦掉”了一样，“擦掉”之后，恢复严肃表情，把笑容“握”在手里，然后“扔给”另一个人。另一个人要“抓住”笑容，放在脸上。然后，她必须把笑容“拿掉”，再扔给下一个，以此类推。

游戏只有一个规则，即每次只有一个人可以笑。如果其他人没有“接到”笑容就笑了，她就会被罚下，从圆圈中撤出去。这个游戏听起来容易，可做起来要难得多！

胜利的笑容

要增加游戏的趣味性，轮到你当“笑脸”的时候，尽可能笑得傻乎乎的。比如，把眼睛瞪大，嘴巴张大，全部牙齿都露出来，或者嘴巴紧闭，只有两颊在动。尝试不同的笑容，看看哪一种最能把大家逗乐。

如何才能做到原谅

你和她彻底闹翻了，因为她，你特别伤心，虽然她也道歉了，可你还是没办法原谅她——真的吗？真的没办法？往下看，趁现在还来得及，赶紧拯救你们的友谊吧。

宏观看问题

从现在的处境中退一步，放眼看看你们的友谊全景图。也就是说，不要纠结于伤心事本身，自顾自生气，而应回头看看你们在一起共度的时光，想一想你们的友谊本来的模样。

先想一下，你们为什么会成为朋友？比如，从很小很小的时候开始，你们就是朋友了，或者从搬到新学校之后，你们就成了闺蜜。回忆共度的美好时光，问问自己："就因为这点儿争吵抛弃友谊，值得吗？"答案往往是否定的。

对自己坦诚

如果你比他人都更了解某一个人，那就意味着你也更容易对她造成伤害。如果你因朋友的言行而生气，问问自己，以前是否也做过类似的事情，也许是对她，也许是对别人。一个人感觉受到了伤害，往往很难用公正的眼光看问题。不过，如果你承认自己过去确实做过类似的事情，对他人造成过伤害，原谅朋友也就容易多了。

消除误会

朋友向你道歉的时候，一定要让她知道到底她说的哪些话、做的哪些事让你伤心了。这样一来，她就知道自己究竟为何而道歉，就可以跟你好好解释了。认真听朋友解释，然后相互拥抱，和好如初吧。

原谅她，忘记不快

如果你老惦记着她做的错事，那原谅就没什么意义了。如果对方已经道歉，你也已经接受，就要学会到此为止。如果你还是不依不饶，老提起她犯的错、她对你的伤害，那她就会厌烦，索性直接放弃这段友谊，交新朋友了。

GOOD

友情提醒：做一个称职、合格的朋友，不是一朝一夕的事儿，而是要每天坚持。有时候，这个决定很简单，可是受到伤害的话，就很难了。要记住，如果双方都想让友谊继续，那前面的路上就不会有拦路虎。

如何与朋友一起玩“大冒险”游戏

试着勾勒出这幅画面：一个星期天的下午，外面下着雨，电视也没有任何节目播放，因为无聊，你已经将卧室整理了一遍，百无聊赖。好了，别再无聊了，找个朋友陪你一起玩“大冒险”游戏吧，无聊的下午立刻就会充满冒险的乐趣，让你们捧腹笑个不停！

大冒险规则

大冒险规则很简单，想方设法轮流给对方设定很难完成的任务让对方完成就可以了。每人只有两张“通行证”，也就是说，你可以有两次机会拒绝完成对方设定的任务，让对方换个任务，所以，要谨慎使用。

大冒险的任务

一开始可以尝试下面 6 个大冒险的任务，然后再想些新的。

任务 1：把所有衣服倒着穿，然后去商店。

任务 2：找一只蜘蛛或别的昆虫，然后用手拿着（动作要轻！），握在手心，坚持整整一分钟。

任务 3：站在房子外面，用最大的声音唱歌（不要打扰邻居休息哦！）。

任务 4：让朋友用脸部彩绘笔把她的名字写在你额头上，然后在小区走一圈。

任务 5：倒立喝掉一杯水。

任务 6：模仿小狗。

GOOD **友情提醒：**记住，游戏一定要有趣，所以，气氛一定要友好，让大家清楚，实在不愿意做的事，可以不做。

如何结交新朋友

刚刚搬到新的城市，或者想结交有趣的朋友一起出去玩耍，都离不开交流技巧。看看下面这些小贴士，你就会发现，交流并不难，说不定轻轻松松就能交到一群新朋友。

关注邻里

也许你经常看到一群孩子在你们家附近玩耍，可是却不知道该怎么走上前去跟他们交流。问问家长，你是否可以出去，出去后在那群孩子附近一个人玩，这样或许就会吸引他们的注意力了，如溜旱冰或骑车。如果他们对你的活动感兴趣，何不邀请他们试试你的溜冰鞋或自行车呢？如果你面带微笑，表现得很友好，肯定很快就会和大家混熟了。

拓展兴趣爱好

如果在课堂之外有很多兴趣爱好，你就很容易交到很多新朋友。俱乐部和协会都不错，因为大家会经常一起活动。不管你有什么兴趣爱好，都一定能找到志同道合者，篮球、戏剧、音乐等都不错。或者直接问问父母，自己是否可以参加当地的青年俱乐部或女童军组织。

有亲和力

如果你看上去很友好，人们会更愿意和你说话。那么，怎样才能让别人感觉友好呢？试试下面这些小贴士：

不要低头看地或看鞋子。地上可没有新朋友！

要微笑，要学会直视别人。

要主动打招呼。很明显，有时候一个简单的招呼就足以开启一段对话了。

不要双臂交叉放在胸前。这个动作看上去就像把自己封闭起来了，而且会给别人一种性情暴躁的感觉。

要直立，双手放在口袋或自然下垂，这样看上去会很放松、自信，仿佛随时都可以参与有趣的事。

不要绝望。就算没有立刻交到新朋友也没关系，出去走走，她们就在那儿，等着认识你呢。

如何给笔友写信

朋友未必非要在一个城镇，甚至一个国家。如果是笔友，通过信件往来就可以很好地了解对方。如今，大多数人都是通过手机或电子邮件交流，其实，收到一封传统的信才真的让人激动呢。

寻找朋友

问问学校的老师能否帮你联系上国内的其他学校，那所学校的同学愿不愿意跟你们班同学书信联络。如果你是女童子军的成员，何不问问组织里的负责人，让他/她帮你找到另一个女童子军组织，然后开始写信呢？

也有一些协会可以帮助大家找笔友，对方往往是外国的朋友，他们想要借此练习英语。让家长帮你上网查找这些机构的详细信息。

开始写信

笔友找到了，可是，该写些什么呢？面对一张空白的书写纸，真是不知该如何落笔，好吧，看看下面的小贴士，做个合格的笔友。

开头：准备好书写纸，在右上角写下自己的姓名和地址。姓名和地址的下面写当天的日期。书写纸的左边写下：

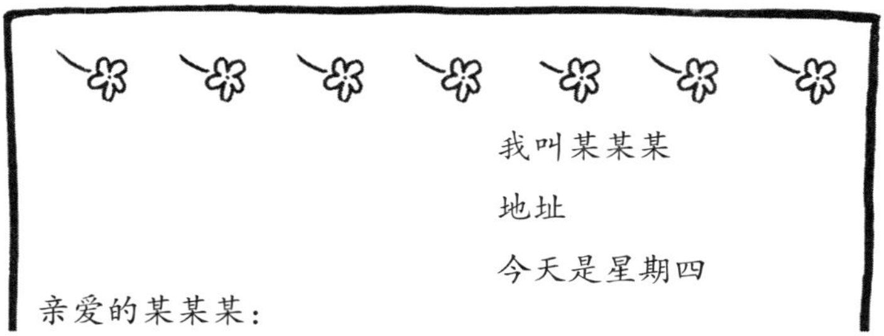

第一段：如果你已经收到了笔友的来信，就先表示感谢。然后介绍自己，告诉对方你的姓名、年龄、学校。也可以说说你的家庭，是否有兄弟姐妹，等等。第一段的最后以一个问题结尾，如你有兄弟姐妹吗？

第二段：跟笔友说说你最近做了哪些趣事，如：“星期六我的一些朋友到我家来过夜了，我们一起吃了午夜大餐，特别有趣！你周末一般都做什么呢？”

第三段：跟笔友说个小秘密或者你认为生活中特别酷的事，如：“我的两个好朋友名叫萨拉和安娜贝尔，我们的组合叫‘迷人星星’，而且在组建我们自己的乐队。你有哪些好朋友呢？”

第四段：这一段要做收尾了。告诉笔友，你特别盼望收到她的回信，关于她的生活，你想了解什么还可以再问。

落款：因为笔友之间是非正式邮件，所以，你可以直接写上“最美好的祝福”，后加逗号，然后署上自己的名字即可。

寄信

在把信折好放进信封之前，先检查一下地址，看看是否有误，如果有，一定要修改过来。然后再把信装进信封。

信封的正面写上笔友的姓名和地址，右上角贴邮票。好了，把信寄走吧。等几天或者几周之后，你就会收到回信，里面有很多令人振奋的消息。

GOOD **友情提醒：**如果你的笔友在国外，一定要去最近的邮局咨询一下需要多少邮票，因为寄往海外的邮费会更高。

如何在瞬间摧毁无聊

再有趣的朋友也会时不时感觉无聊。学会下面三招，简单又便捷，无聊瞬间消失了。

口音模仿

在公共场合需要和很多人说话的时候，模仿口音最有意思了，如咖啡吧、公交车或健身中心都不错。选择一种你和朋友们都会说的口音，美国口音、澳大利亚口音都是不错的选择，在电影和电视中经常可以听到。模仿口音之前，要先练习一下，这样听起来才逼真。玩这个游戏意在让他人误以为自己是别国人。记住，从头到尾表情都要保持严肃，否则，游戏就露馅了。另外，还要再加一些听起来很逼真的细节。例如，如果你们在图书馆，就小声对朋友说："要是在我们美国，图书馆每次只能借一本书……"看看你们能坚持多久！

后排的宾果游戏

这个游戏适合坐长途车或学校组织旅行坐大巴车时玩，特别有意思。出发前，按照下页图所示，准备宾果卡，每人一张。每人还要再备一支笔。当途中看到卡片上的物品时，就大声告诉他人。等大家都看到时，就可以把这个物品从卡片上划掉了。谁先把卡片上的物品都划掉，谁就取得了胜利，大声说"完胜！"即可。

宾果卡

老师/家长对我们说：“嘘！”	环状交叉路口。	白色厢式货车超了我们的车。	某个人的电话响了。
田野里的马。	无线电播放的广告。	路边的咖啡吧。	加油站。

拇指大战

拇指大战适合两个人一起玩。伸出右手，做出握手的姿势，两人除拇指之外的其他手指卡在一起，拇指相互抵着，竖起。游戏开始，要边玩边说：“1、2、3、4，拇指大战开始。5、6、7、8，拇指要竖直。”最终目的是要把对方的拇指压在自己拇指之下，而且其他手指不能松开。一旦将对方的手指压下来了，就可以说：“1、2、3、4，我赢了！”说出口令的同时，把对方的手指压下去，就算获胜。如果没有压下去，游戏就得继续！

如何创办女生乐队

如果你超爱音乐，和朋友一起组建乐队当然很有意思。大家可以一起练习，一起作曲作词，好不热闹！还可以一起在公共场合演出，参加比赛。说不定你的超级巨星之路从此就开始了。创办乐队要知道以下几点：

确定乐队风格

首先要考虑的就是你们乐队的风格。你和朋友想要在舞台上抱着吉他、敲着架子鼓，掀起摇滚风，还是想要穿着亮丽，成为迷人的流行歌曲天后呢？

十足的摇滚风

如果你们决定尝试摇滚乐，那肯定希望有自己的乐器，可是，购买的话太昂贵，怎么办？可以问一下老师，你们是否有可能加入学校的音乐俱乐部，这样就有乐器用了。

还有一件很重要的乐器需要练习，没错儿，是嗓音。尽可能多地练习清唱，也就是说，在没有伴奏的情况下练习独唱或合唱。多练习清唱，合唱才会整齐，而且无需任何花费。多数的才艺秀节目第一轮都需要清唱，所以，台下先习惯了，展示时才能赢得评委的称赞。

舞蹈天后

如果你们乐队决定高歌一曲排行榜首的流行金曲，乐器就不那么重要了，熟练的舞步和扎实的唱功才是王道。多看音乐录像，寻找灵感，确定乐队是一名领唱加和声的模式，还是轮流独唱的模式。

尽量把舞步与歌曲的风格相配合。如果歌曲节奏快，动感十足，就可以尝试很带劲的街舞步伐。如果是爱情歌曲，大家最好站成一排，稍微配些小幅度动作，如随节拍轻点手指等。

即使在卧室一个人练习，也要想象有很多观众，练习歌唱的同时要配以动作，这样观众才会被调动起来。比如，将手臂举过头顶，跟着节奏拍手，还可以鼓励观众一起来。

彰显个性

不管是什么组合，最重要的就是与众不同，有自己的特色。无论是自写自唱，还是翻唱超级流行的歌曲，最重要的是加入自己的风格和个性。这一点是成为明星必备的特质，也是让大家爱上你们的理由。

思考一下乐队中每位成员的个性，通过服饰及招牌动作将不同的个性展示出来。例如，如果其中一人很柔和、很甜美，那么她的“队服”就应该多些粉色，招牌动作可以是向观众抛个飞吻。

GOOD

友情提醒： 乐队成员定期集合，集思广益，为新的歌曲和舞蹈动作出谋划策，而且要确定大家对于自己在乐队中的位置都很满意。

如何让友谊天长地久之二

没错儿，现在你们关系很密切，可是，你想过将来吗？要想彼此一辈子不分离，友谊可以天长地久，那就看看下面的小贴士吧。

永远的朋友

相约再见。和好朋友约定一个对你们俩来说很特别的地方，比如每五年的 8 月 1 日下午 5 点，不见不散！

接受彼此的变化。随着年龄的增长，你和好朋友都会有变化，而且彼此也会有很多不同。如果你能接受变化，友谊就不会受到影响，反而会更坚固、更有趣。

生日要记牢。一定要记住彼此的生日。买一个特殊的“生日记录本”写下对方生日的具体时间，这样，无论如何都不会忘了。

友谊第一，爱情第二。记住，暗恋会变，旧的去，新的来，可是朋友却可以一直不变。

记住一点，新的未必好。古语说，结交新朋友，勿忘老朋友，新朋友是银，老朋友是金。所以要时时提醒自己老朋友很重要。

保持微笑。生活不易，但要让彼此学会微笑面对！

距离不是问题。如果你们当中一个人要搬走，那就等节假日再相互拜访。

鸿雁传情。即使相距千里，也要保持经常写信，给对方寄照片。信可以是传统邮件，也可以是电子邮件，不管怎样，都不要让距离将两人阻隔。

GOOD

友情提醒：如果朋友有时把你忘了，要学会谅解。长大了，有家庭了，生活会变得忙碌，暂时遗忘也是正常的。只要你们努力保持联系，友谊之树就会长青。

如何让友谊蛋糕永远传递下去

好朋友总是会一起分享蛋糕的，不过，现在要说的蛋糕可不是普通的蛋糕。这块蛋糕会随着友谊一起成长，而且在未来的很多年会一直传递下去。就像友谊一样，这块蛋糕需要你付出努力，但是，所有的努力都很值得。

你需要用到以下物品。

第一天：

- 100 克纯面粉、225 毫升的水。
- 半小袋速发酵母。

第二天和第七天：

- 100 克纯面粉、225 毫升的水。
- 200 克精白砂糖。

第十二天：

- 鸡蛋 1 枚，打散、125 克纯面粉、3/4 茶匙小苏打。
- 100 毫升植物油、1 茶匙发酵粉、1/2 茶匙盐。
- 1 茶匙香草精、5 根熟透的、捣碎了的香蕉。

第一天

1 把面粉倒入小碗，加入酵母。充分搅拌，加入水。用保鲜膜盖住碗，放在一边（常温即可，不要放入冰箱），等待 24 小时。这就是你的“酵头”了。

第二天

2 揭掉保鲜膜，往碗里加面粉、水、精白砂糖，也就是第二天的配料。充分搅拌，面粉充分黏合之后，盖上保鲜膜，放入冰箱。

接下来的五天

3 把碗从冰箱中取出，揭掉保鲜膜，充分搅拌“酵头”。换新的保鲜膜，盖好之后继续放入冰箱。

第七天

4 重复步骤 2 和步骤 3。

第十二天

5 让家长帮忙将烤箱预热，刻度调至 4（即 180 摄氏度）。

6 在长 23 厘米、宽 13 厘米的面包烤盘里面涂油，可以先将一张厨房纸巾浸一些黄油，然后将黄油均匀擦在面包烤盘的里面。

7 把“酵头”从冰箱里取出，充分搅拌。用测量器皿量出 300 毫升，倒入较大的搅拌碗内。剩余的“酵头”放回冰箱。

8 把剩余的配料加进去，用木勺充分搅拌，直到配料充分混合，面粉无小块为止。小块香蕉不用担心，这样做出来的蛋糕口感会更好。

9 把搅拌好的配料倒入涂抹好黄油的面包烤盘里，让家长帮忙放入烤箱，烘烤 35 分钟。

10 让家长帮忙把蛋糕从烤箱中取出，放一边，凉了之后就可以当作下午茶点享受你们的友谊蛋糕了。

11 从冰箱里将剩下的“酵头”取出，分成三等份。一份自己留着，另两份分别倒入两个有盖的干净玻璃罐或塑料容器中。

12 把玻璃罐或塑料容器送给朋友，并告诉她们重复步骤 2 至步骤 11 的做法。将制作好的“酵头”送给她们意味着她们就不必从头做起了。这样，她们也可以做美味的友谊蛋糕，并留些“酵头”继续送给其他朋友。

13 按照步骤 2 至步骤 11 的做法，你也可以用自己那份“酵头”继续做美味的蛋糕，然后留出多余的“酵头”送给其他朋友。

GOOD

友情提醒： 何不尝试其他口味呢？把香蕉泥用苹果泥、葡萄干、巧克力条或坚果代替都可以。用心保管，“酵头”可以用很多年。

如何与父母交朋友

想一想，除了闺蜜，最了解你的当属父母了。他们会教你很多新知识，而且你会发现，如果你们能更好地了解对方，他们就会给你更多的自由。看看下面几条建议，学会跟双亲做朋友吧。

和父母相处的终极指南

向他们请教。所有的成年人都喜欢被他人认为是某方面的“专家”。因此，你可以抓住这一点，从父母那儿多多学习，彼此的关系或许也会因此而拉近不少。

跟他们说说你的一天。如果你刚想好好歇歇，却被他们逮着问这问那，那确实挺烦。要避免这种情况，可以主动跟父母说说话，不必非得讨论什么特别的事情。比如，课间休息时你们玩了什么新游戏，你特别喜欢班里的新项目等事情都可以，这样的话，晚上你就可以自由自在做自己想做的事了。

弄明白他们的好恶。毕竟，父母和你一样，也有自己喜欢的、讨厌的，也有他们的爱好。试着弄清楚爸爸或妈妈最爱的音乐，说不定你还会因此而挖掘出一些怀旧乐队，和爸爸或妈妈一样对他们的音乐爱不释手呢。这样你对他们就会有更多的了解，也会相处得更为融洽。

如何创办易货商店

如果商店的购物狂欢开始了，而你却腰包吃紧，这个时候，你可以试试易货商店，不用花钱，有些宝贝就可以到手。此外，易货商店也很有趣。记住，萝卜白菜，各有所爱。好了，按照下面的方法，尝试一下吧。

3~4 周前

首先要征得父母的同意，然后按照下面的格式给朋友发邀请：

诚邀您参加

“马克辛易货商店”

日期：11 月 11 日

地点：马克辛家里

具体时间：上午 11 点

请用包包或盒子将自己不需要的衣服、书、CD 盘等打包一同带来。

2周前

开始将自己要和他人交换的物品打包。如果东西有破损，可能其他人也不会想要。不过，衣服除外，穿小了或是不喜欢了，朋友们或许会很中意。大家的身材不同，所选衣服的尺码、品位也不同，所以，你要舍弃的说不定正是她们想要的呢！还可以问问家里的哥哥姐姐，他们是否愿意捐赠，比如一些长大之后不再玩的小玩意儿。

前一天

家里要整理出一块干净的区域，专门用来做易货商店。别忘了给饥肠辘辘的易货客人准备一些零食，去商店买或自己做都可以（具体参考“做一份友谊曲奇”一节）。

当　天

把自己要交换的东西摆在地板上或桌子上。朋友到达之后，让她们把各自的东西摆出来，易货商店就可以开张了！

可以浏览一下所有物品，让大家各自介绍，如果有人想要某件物品，大声说出来即可。也可以采取义卖的方式，大家各自寻找自己喜欢的东西。如果羞于当众试衣服，楼下的卫生间或门后都可以当作试衣间。

义卖的规则

- 每人只能带回家一袋东西，不要太贪心。

- 在义卖正式开始前，禁止偷偷预定物品。
- 不要嫌弃这些别人不要的东西，可能这些东西不合你的品位，但说不定别人喜欢！
- 如果两人同时相中了一件物品，谁能给物品主人一件她想要的物品，这件物品就归谁。

GOOD **友情提醒：**看中的衣服一定要试穿，否则，刚处理了一批不合适的衣服，又收到了一批，那就没意义了。

宁交换不丢弃

大功告成！现在至少你有一整套新装备了，而且还有不少对你来说是“全新”的小玩意。易货结束后，或许还有一些大家都没选中的物品，如果是这样，就把它们捐给当地的慈善二手商店吧。

交朋友，交朋友，永远不要和朋友绝交。

本书是和朋友相处、一起开心生活的不二指南。

奇妙的友谊，每个女孩都应拥有！